いつも逃げ出すように転職を繰り返してきた僕が3億円稼ぐようになった方法

ビジネスYouTubeで儲けるしくみ

畠中伸正

SOGO HOREI PUBLISHING CO., LTD

＼はじめに／

「いつも逃げ出すように転職を繰り返してきた僕」が「3億円稼ぐ僕」になるまで

▼そこそこのぬるい人生だった僕に「稼ぐチャンス」が巡ってきた

本書を手に取ってくださり、ありがとうございます。
はじめに、僕の今までの〝ありきたりな人生〟について、少しお伝えさせてください。なぜなら、僕の経歴が良くも悪くも、あまりに平凡だからです。

本書のタイトルにもあるように、今ではユーチューバーとして「3億円」という大金を稼ぎだすことができている僕ですが、このようになったのは、つい最近のことです。

僕の人生の平凡さや〝普通の人っぷり〟を知ってもらうことで、「3億円稼ぐ」という目標について、心理的なハードルを少しでも下げていただければと願っています。

僕はずっと、いたって普通の平凡な人生を歩んできました。

お金持ちや有名人の家に生まれたわけでもなく、飛び抜けた才能に恵まれたわけでもなく、華々しい学歴や経歴を持っているわけでもない。つまり、人脈も学歴もない。意識が高いわけでもない。**そこそこの人生をぬるく生きてきた**のです。

勉強もスポーツも、平均よりも〝ちょっと〟できる。かと言って、特殊な技能を持っているわけでもない……。そんな、どこにでもいる一人の青年でした。

「3億円稼いだくらいだから、小さい頃からお金や経済に興味があったのでしょう?」

そんな質問をいただくことも少なくありません。

けれども、「稼ぐこと」への大きな情熱や、「何かを成し遂げてやる」というようなハングリーさは、謙遜ではなく、本当に持ち合わせていませんでした。

そんな凡庸な僕が、「3億円稼ぐ」という快挙を、なぜ成し遂げられたのか。

その答えを一言で言うと、「周りの人たちに支えられて」という表現が一番しっくりきます。人間関係を円滑に保ちながら、課せられたことをコツコツ真面目にこなしているうちに、僕にも「稼ぐチャンス」が巡ってきたのです。その転機については、具体的にこのあとお伝えしましょう。

「平凡な人でも望みさえすれば、自分の好きな仕事で稼ぐことができる」

まずはそんな事実を、あなたの心にしっかりと刻み込んでください。

▼残念な〝ジョブホッパー〟が気付いたたった一つの大切なこと

お恥ずかしいのですが、僕のサラリーマン時代についても触れておきます。

会社勤めをしていた時期は、僕の黒歴史の一部。ちょっと思い出すだけでもいまだに胸が締め付けられるくらい、苦しい出来事が連続した時期でした。

僕は大学を卒業してからの16年間、つまり38歳までに、６つの会社を渡り歩きました……。なんて言うとカッコよく聞こえるかもしれません。けれども実際は「昇給目当ての転職を繰り返していた」というのが事実です。

「今の職場で頑張って実績を積み上げて、給料を上げる」という考え方ではなく、「よその会社に行けば、お金がもっともらえるのではないか」という下心で、逃げ出すように転職歴を積み重ねてきました。

でも、「僕が１００％悪い」わけではないと思うのです。

会社との相性が悪いこともあれば、職場での人間関係に恵まれないこともある。自分自身を守るためには、逃げ出さざるを得なかったのだと、とらえています。

たとえば、新卒で入社した1社目の会社では、ＳＥとして約2年半勤めましたが、上司のパワハラに遭い、それがきっかけで退社を決意しました。

僕は決して仕事ができなかったわけではないし、態度も悪いわけではなかったと思います。それまでは、仕事をとても愛していました。

でも、上司に人間性をなぜか否定され続けたのです。「**このままでは、つぶされてしまう**」と危機感を抱き、自分を守るために転職に踏み切りました。

上司の影響からか、「ＳＥ」という職業まで嫌になってしまい、その後は全く畑違いの求人広告の会社に飛び込み、営業マンとして勤め始めました。その会社では新規の契約を取ることも課せられていたので、「人間力をつけることができるのではないか」と思ったのです。

それから3社目以降は、「職場が嫌になってきた時期に、いいタイミングで知人に誘われる」という形で、転職という道を選んできました。ベンチャー企業の転職コンサルタント、大手アフィリエイトサービスプロバイダーの広告営業マンなどのキャリアを積み重ねました。

キャリアだけ見ると、僕のことを残念な〝ジョブホッパー〟（転職回数が多い人）と見る人もいるかもしれません。しかし、僕は転職の度に貴重な経験をさせてもらいました。たとえば、「転職をしたいのですが」と切り出すだけで、〝暴力上司〟に顔をグーパンチされたり、総勢3人のベンチャー企業の〝働かない社長〟に、「僕たち従業員と一緒に、汗水をもっと流しませんか」と直談判をしたり……。


「世の中にはさまざまな人がいる」ということ。

「快適な環境を得るためには、自分で求め続けなければいけない」ということ。

「自分の人生は、常に切り開いていくものである」ということ……。

多くの教訓を得ることができました。

さらには、それらのつらい記憶が原動力となり「3億円稼ぐ」ことにもなりました。だから、サラリーマン時代の僕に関わってくれた全ての人に、今では感謝をしています。


今考えても、不思議なことがあります。それは、**ことあるごとに転職のきっかけを「人」が運んできてくれた**、という点です。

僕が職場のことで悩んでいるとき、「渡りに船」とばかりに、前職の先輩や、知人が転職の話を持ってきてくれるのです。
「捨てる神あれば、拾う神あり」ということわざがありますが、まさにその通り。

人と人とのつながりは、人生において真の意味での〝財産〟です。仕事を運んできてくれるのは「人」ですし、お金を運んできてくれるのも「人」。だからこそ、人とのご縁は大切にしたいものです。
「会社員」という経験は、僕にそんなことを教えてくれました。

逆に言うと、理不尽な理由で僕を嫌ってくる「アンチ」の存在については、気にしすぎる必要はありません。僕の努力や頑張りとは無関係に、相手の「なんとなく」な理由で嫌われてしまうこともあるのですから。**アンチにこだわりすぎるよりも、「よりよい関係」を他の人たちと築いていくほうが、はるかに建設的**です。

上司のパワハラに2度も悩まされた僕が言うのですから、説得力がある話だと思いませんか（笑）。

▼〝そこそこの僕〟が鶴の一声でユーチューバーデビュー

幼少時から平凡で、社会人になってからは転職を繰り返し、いささか〝残念な人〟にも見えかねない……。

そんな僕を大きく変えてくれたのも、やっぱり「人」でした。今も、ビジネスパートナーとして僕に伴走してくれている年上男性のSさんです。

Sさんは、５つ目の会社で出会った上司で、僕の度重なる転職遍歴に終止符を打ち、独立への道筋をつけ、組織ぐるみでバックアップしてくれました。

Sさんほど僕のことを「変えてくれた人」はいません。

なぜ、僕が変われたのか。

「お前には早く一人前になってほしいし、大きな成功も手にしてほしい。もちろん人間的にも成長してほしい。そのための後方支援は惜しまないし、その責任は俺がとる」

このような〝男前〟な情熱を感じさせられたのです。そこまで真剣に接してもらったら、奮起しないわけにはいきません。具体的に言うと、**彼の鶴の一声で、当時会社員だった僕が〝顔出し〟で、ＹｏｕＴｕｂｅに出ることになった**のです。

もちろん、Ｓさんにもｙｏｕｔｕｂｅという舞台での実績はありませんでした。当時は、ユーチューバーブーム。「これからはＹｏｕＴｕｂｅの時代だ」という彼の読みが当たって、その後、僕はブレイクを果たすことになります。

そんな意味でも、彼には、今でも感謝をしています。

メンター的な存在がいてくれて、本当に良かったと思うのです。彼こそが、独立してからの僕の精神的な支柱でした。

こんな話をすると、「はたけさんは人に恵まれて、結局、ラッキーだっただけじゃないですか」と思われるかもしれません。けれども、**僕は結構なハンディを背負って生まれてきています**。

実は、僕は自分の〝本当の父親〟を知りません。大学を卒業するまで、祖父母のことを「両親」だと信じて生きてきました。もちろん、他の家庭の親御さんより自分の「両親」が明らかに年老いているわけですから、家庭の不自然さに気付いてはいました。「面倒見がよすぎる親戚のおばさん」が、本当の母親なのではないかと疑うに至り、問い詰めたところ、やはりそうでした（笑）。しかし、父親が誰であるのか聞くことについては、まだ遠慮をしています。

このように複雑な家庭環境に育ったにもかかわらず、幸運にもグレることもなく育ちました。それは、本当に運が良かったと言えるでしょう。

こんな家庭環境の僕でも、なんとかメンターに巡り合うことができたのですから、どんな人にもチャンスはきっと訪れるはずです。

▼YouTubeでお金は稼ぎたいだけ稼げる

6社目に勤めた会社を退社して、ユーチューバーとしてデビューした僕は、目標に向かい、がむしゃらに試行錯誤を重ねました。その姿は、まるで水を得た魚のようにいきいきとしたものだったと思います。

煩わしい人間関係や、理不尽な上司に悩まされることもない。自分の純粋な努力や頑張りが再生回数となって反映され、お金を生み出すのですから、面白いのは当たり前です。

そんな感覚が芽生えてきたのも、この頃でした。

「**遊ぶように働く、働きながら遊ぶ**」

当時から僕が目指してきた「ユーチューバー」の姿は、今もブレずに一貫しています。それは、「**ビジネスユーチューバー（僕はBチューバーと言っています）**」と定義できます。

「多くの人に、名前を覚えてもらえれば満足」「再生回数やチャンネル登録などの数が増えればOK」という方向性ではなく、なんらかのスタイルでマネタイズすることを目指してきました。つまり、YouTubeに動画をアップすることで、お金を稼ぐ。「そうじゃないと、僕に未来はない」、そう考えて生きてきました。

この考え方には、疑問を持つ方もいらっしゃるでしょう。もちろん、「マネタイズに至らなくても、純粋に楽しければそれでいい」という考え方にも、僕は賛成します。けれども、もしYouTubeとうまく付き合えるようになり、そこから導いた収入が多くなったとしたらどうでしょう。想像してみてください。

かつてのイケてなかった僕のように、「嫌な仕事」から卒業したり、やりたくないことから逃げ出したり、人生を大きく変えられる可能性が、グンと広がるはずなのです。

もちろん、お金が全てではありません。けれどもお金を「ツール」としてうまく使えば、人生における選択肢が飛躍的に広がることは間違いありません。だから、最初は「副業感覚」でもいい。**「YouTube」をマネタイズの手段として、捉えてほしい**と思います。

「お金を稼ぐ手段」として見ることでモチベーションは一気に上がり、作業効率もアップ、真剣さが変わってくるはずです。

本書では、具体的な「稼ぎ方」について、詳しくお伝えしていきます。僕が手の内をさらすことで、幸せなユーチューバーが一人でも増えることを願っています。

▼人生は思い立った瞬間に変えられる

人生はいつでも変えられます。平凡だった僕、なんなら「複雑な家庭環境に育った僕」が言うのですから、間違いありません。

ただし、そのためには「自分で自分を変えるのだ」という強い意志が必要です。仕事で疲れすぎていたり、きっかけがなかったりすると、意志をしっかりと持つことが難しくなるので、要注意です。

会社員生活を16年送った僕から見ると、特に多いのは、「思考停止」に陥るという現象です。お勤めの人の場合は、どうしても無感動になったり、自分で考えることを放棄したりしてしまいがちです。なぜなら、自分で感じること、考えることをやめたほうが、ラクになることが多いから。

もちろん、組織内では「処世術としての思考停止」はアリなのかも、と僕も思います。ただ、その状態のままでは、永遠に何も変わりません。

面白く働きたい場合。
よりよい仕事をしたい場合。
もっと自分らしいスタイルで、お金を得て、社会とつながりたい場合。
自らが望むような働き方で、世の中に貢献していきたい場合。

思考停止からいち早く抜け出し、「稼げる場」を設定しておくことが、未来のあなたを幸せにします。

おかげさまで、今の僕は「ずっと仕事をしているし、ずっと遊んでいる」という感覚で生きています。そんな生き方に軌道修正できたのは、ＹｏｕＴｕｂｅを始めてからです。

自分が見聞きしたり、感じたりしたことを、そのままＹｏｕＴｕｂｅにリンクさせて、フィードバックする。そんな幸福なシステムを作ることができたからなのです。

「自分」を楽しませる。それをＹｏｕＴｕｂｅという「仕事」に還元する。そこから得たお金を「自分」のために使う。そのときの幸福感を、ＹｏｕＴｕｂｅにまた反映させる。それを視聴してくれた方に、ハッピーが伝わる……。

そんな好循環は、実は誰にでも築くことができます。しかも、思い立ったその瞬間から、実行に移すことができる。そんな事実を、ぜひ知ってほしいと願っています。

「したいこと」「好きなこと」が人もお金も集める

第2章

YouTubeは世界一ハードルが低いビジネス

自分が「面白い！」と思うものを発信する

〜誰でもできるコンテンツの作り方

人がビジネスを加速させる

第5章 YouTubeがお金を生み出す

プロデュース●宮内あすか
編集協力●山守麻衣
ブックデザイン●二ノ宮匡（nixinc）
イラスト●ヤギワタル
ＤＴＰ●横内俊彦
校正●池田研一

第1章

「したいこと」「好きなこと」が人もお金も集める

「楽しいこと」「好きなこと」をしている人にお金は集まる

第1章では、今の時代に「人」と「お金」が集まる人の特徴について、お伝えしていきたいと思います。

そもそも「お金」とは、いったいどうすれば得られるものなのでしょうか?

多くの方がまず想像するのは「会社で働いて、給料という形でもらう」でしょう。自分の労働に対しての報酬、という形でお金を得るというスタイルです。

もちろん、その考え方に異論は全くありません。実際、僕だって16年もの間、会社員として会社に労働力を提供し、対価として給料をもらい生きてきたからです。

ただ、そのような形でお金を得ることには、多かれ少なかれリスクもつきまといます。

たとえば、上司から理不尽なハラスメントを受けたり、自分の頑張りとは関係なく会社の業績が振るわなかったり、最悪の場合は勤め先が倒産してしまうことだっであるからです。

つまり、**会社のために尽くしていても、その頑張りが純粋に〝結果〟として反映されないことだって起こりうる**のです。よりストレートに言うと「血のにじむような努力をしても、給料が上がらないこともある」ということ。

それは、なんとも切なく、みじめな話ではないでしょうか。

努力が認められにくいストレスフルな世界で生涯苦労を重ね続けるなんて、しんどいことではないでしょうか。


また、そんな人にはお金はなかなか寄ってきません。

あなた自身が「もしお金だったら」、と仮定して、ちょっと考えてみてください。

「殺伐とした職場で仕事に嫌々取り組んで、ギスギスした言動で不幸オーラを発している人」に、わざわざ近寄りたいと思いますか？　そんな人とは、距離を置きたくはありませんか？

お金も人と同じ。

明るくて、前向きで、楽しい人。さらに言うと「好きなことに没頭して幸せを感じている人」のところに集まります。だから、お金を得たいと思ったら、「楽しいこと」「好きなこと」に取り組むべきなのです。

少しイメージしてもらえると納得いただけると思います。「楽しいこと」「好きなこと」に取り組んでいると、ストレスを感じることも少なく、心は幸福感に満たされ、笑顔も増えます。次第に、自分自身のみならず、周囲の人たちも楽しくなる。するとビジネスの場においても自ずとチャンスが増えていく。自分の理解者やファンが増えて、どんなプロジェクトも円滑に進んで、結果が出せる。そんな〝幸福のスパイラル〟があるのです。

だから成功したいと願う人ほど「楽しいこと」「好きなこと」に没頭をすべきです。

最初はたとえうまくいかなくても、試行錯誤を重ねるうちに、必ず実績はついてきます。

また「つらいこと」「嫌いなこと」に取り組んでいるときよりも、ストレスははるかに少ないはず。すると笑顔や心の穏やかさを保つことができるため、「人」が離れていくこともありません。

結論から言うと、**「楽しいこと」や「好きなこと」は、あなたの強力な武器になります**。あなたの笑顔を輝かせて、ファンを増やしてくれるからです。

この話をすると、必ずといっていいほど次のような質問をいただきます。

「どんな状況でも、我慢強く耐え忍ぶことも大事なんじゃないですか?」

もちろん、忍耐は大切です。でも、「耐えられる範囲」には限度もありますよね。

たとえば、僕は人生で1度、上司に「会社をやめます」と言っただけで思いっきり殴られて説得されたことがあります。

あまりの理不尽さに驚き、怒り、悲しみに襲われましたが、特に抵抗をしたり、報復を考えたりはしませんでした。むしろ、やめる決意が固まりました。

それが、自分の心身を守る最上の手段であると確信したからです。
もちろん、転職するわけですから、不確実な方向に進むことになります。でも、その「不確実さ」と「忍耐」を天秤にかけたとき。「耐え忍び続けてストレスをためるより、たとえ不確実でも新たな環境を探るほうがいい」と判断したわけです。
僕の判断は決して間違っていなかったと自負しています。

それからの僕は、なるべく「楽しいこと」「好きなこと」にフォーカスをして時間を過ごすようにしました。結果、多くの強力な味方を得て、ユーチューバーとしてブレイクを果たせたというわけです。

これは推察になりますが……。僕がもし、「上司に殴られたこと」をずっと気にしたり、「自分のどこが悪いのだろう」とメソメソ考え続けていたりしたら。自分の良いところを伸ばすことができず、周囲の誰をも幸せにせず、自分の殻にずっと閉じこもっていたかもしれません。

「楽しいこと」「好きなこと」というと、能天気で享楽的、というイメージがつきまとうかもしれません。

けれども、実際はそうではありません。

心に傷を負った人が「楽しいこと」「好きなこと」に目を向け、没頭するには、多大なパワーが必要となることだってあります。だから、「楽しいこと」「好きなこと」を追求するとき、罪悪感を抱く必要は全くありません。

「**まずは自分自身を幸せでいっぱいに満たすことが、人を楽しませることにつながる**」、そう捉えてみてください。

「自分が好きなことを楽しみながら発信すると、味方が増える」

これが現代では、新しい真理なのです。

高度に情報化されたネット社会では、その傾向は一層強くなります。つまり、自分が発信したことが、世界中の人たちに届き、その心を熱くすることだって夢物語ではないのです。

「そつなくできる」ことより「下手でもしたい」ことが未来を創る

「好きなこと」を始めるのに後ろめたい気持ちを抱く人は珍しくありません。「好きなことにのめりこむことは罪」、そんな思い込みにとらわれている人は意外と多いものです。

僕にはそれは、日本人ならではの消極性という気がしてなりません。

日本人の多くは、堅実であることを好みます。「したい」ことより、むしろ「できる」ことで身を立て、生業にするのがいい。出る杭は打たれる〝ことなかれ主義〟的な価値観が、昔から脈々とDNAに受け継がれてきているように思えてなりません。

また「できることで、無難に身を立てたい」という姿勢の背後には、失敗への過度な恐れが横たわっているようにも感じられます。

このような日本人の消極性は、アメリカ人と対比するとよくわかります。

たとえば「転職」を例にとってみても、両国の捉え方は対照的です。

アメリカでは、高い待遇を目指したり、自分を磨いたりするための転職は、善とされています。

しかし日本では、いまだに転職を〝後ろめたいもの〟と捉えたり、恥じたりする風潮が強いのではないでしょうか。


もちろん、「したい」ことよりも、「できる」ことをなんとなく続ける人生のほうが、傷つくことは少ないかもしれません。

でも、たった一度の人生、それでいいのでしょうか。


確かに、これまでの時代は「できることをしたほうがお金になりやすい」という傾向はありました。

けれども、インターネットのおかげで個人でもこれだけ発信ができるようになった今、**「したい」ことで未来を創れる時代**になってきていると僕は思います。

その証拠に、ＹｏｕＴｕｂｅでどんな動画が人気であるのかを知ってほしいと思います。

暗いところで撮影されているせいか、画質が荒く、映っているものも不鮮明。テロップや効果音、ＢＧＭも入っておらず、編集もされていない。

そんな一見〝お粗末〟な動画でも、内容が面白かったり、超レアなものが映っていたりすれば、再生回数は何万と伸び、話題の動画として伝説になることだってあるのです。

この現象は、まさに「**〝できる〟ことより〝したい〟ことが大事**」という原則を象徴しています。

また、次のような研究もあります。

１９９５年、アメリカ・コーネル大学の心理学者トーマス・ギロビッチ博士らは次のように発表をしています。

「自分の人生を振り返ったときに後悔したことは何か」と、被験者たちに答えてもらったところ、「やらなかったことに対する後悔」が75%にものぼったそうです。

たとえば「やりたい仕事をしなかった」「大事なチャンスを活かさなかった」「友人や家族を大切にしなかった」などです。

確かに、身近な人を見ていても「やったことに対する後悔」を見聞きするケースは、ほぼないような気がします。

「新しいことにチャレンジしなければよかった」

「新しい事業に挑戦しなければよかった」

そんな後悔は、少ないものなのです。


自分自身を心から信じて、「したい」ことに挑戦していきませんか。

たとえ下手でも大丈夫。YouTubeの世界では「失敗動画」というジャンルがあり、「下手すぎる○○」を撮った作品が大ヒットすることもよくあります。

当たり前の話ですが「下手であること」や「失敗すること」が、許されないわけではありません。

そこには独特の味わいがあり、**「下手であること」（欠点や劣った点、未熟な点があること）が人の共感を呼ぶこともある**のです。

「できなくても、全然ＯＫ」と、価値観をガラリと変えてみてください。

それでも「〝したい〟ことより〝できる〟ことを選んでしまう人」は、〝完璧主義〟を一度手放してみてはいかがでしょうか。新たな世界が見えてくるはずです。

人は「スゴい人」よりポジティブな人に惹かれる

「下手でもいい」、「失敗してもいい」。いったんそう捉えてみると、心がラクになりませんか。

それに、視点を変えると「下手」「失敗」などのネガティブ要素を抱えているほうが、人に好かれることもあります。

「何をやってもダメな私だけど、諦めません！」

「失敗ばかりで成功する根拠はありません。でも、僕は持ち前の元気さで頑張ります！」

そんなポジティブさに、人は本能のレベルで親近感を抱き、応援したくなる生き物なのです。この原則を知っていれば、怖がることはありません。

つまり、**ポジティブさ自体に、人を魅了する大きなエネルギーが宿っている**と考えてよいでしょう。

たとえば、僕の知人に30代前半の若手男性ユーチューバーがいます。

彼は、投資を始めたばかりなのですが、その取引を通して成長していく過程を動画としてアップすることで、コアなファンを着実に集め始めています。

ただし、こう言っては失礼かもしれませんが、彼にこれといったスキルはありません。お世辞にも「投資の才能がある」「取引がうまい」とは言えないのです。

それなのに、彼の動画には常に温かいコメントが寄せられています。

僕は彼の動画をよくチェックしていますが、不思議なことに「失敗したとき」ほど、ファンが増えています。

「わかる！　そういうこともあるよね。気をつけようね」

「こうした方がいいんじゃないかな」

こんな好意的で優しいコメントが、どんどんついているのです。

ファンの人たちは、まるで自分の弟や子どもを見守るような感覚で、彼を応援しているのでしょう。

このように**「できること」を見せる、というよりは「できないこと」を見せる**という道もあります。

さらに言うと**「ポジティブな人間性」をうまくさらけ出せると最強**です。

投資ビギナーである彼は、実家暮らしです。もとは会社員でしたが「投資で身を立てていく」と決意して、脱サラをし、実家に戻ったのです。

これはかなり大きな決断です。

ただ、やはり投資で成功することは難しく、大損をした後は「短期間、非正規雇用で働く」などの紆余曲折を経ています。

その状況も動画で視聴者に報告した上で、「この仕事を辞められるように、投資を頑張ります！」と宣言すると、また多くのファンが集まるわけです。

彼を見ていると、ＹｏｕＴｕｂｅで人気を獲得するためには、必ずしも「スゴい人」「優れた人」でいる必要はないのだと痛感させられます。

ただ**ポジティブな姿勢を発信してさえいれば、ファンはついてきてくれる**のです。

ネットの世界でも、同様の傾向は強くあります。

たとえば、夢や目標を公開して資金を募る「クラウドファンディング」という仕組みがあります。

ひと昔前なら「見ず知らずの人の夢に、まとまったお金をポンと出すなんて……」という感覚が主流であったかもしれません。でも感度のいい人たちの間では「好きな人の夢を、クラウドファンディングを通じて応援するのはカッコいい」という空気感が既に形成されています。

テレビの世界でも同様です。昔から国民に広く愛されるのは、「明るくて前向きで、幸福感のあるスター」と相場が決まっています。

もちろん、「暗さ」「アンニュイさ」を意図的にウリにして、ブレイクするタレントさんもいらっしゃいます。

たとえば、お笑い芸人のヒロシさん。彼が醸し出す「暗さ」「うまくいかなさ加減」は、クセになるほどユニークで、多くの人の心をつかみました。

ですから、ヒロシさんのように突き抜けたネガティブさで、周囲と差別化するという手法は、アリです。

ただこの方法には「アンチも生まれやすい」というリスクもあります。

動画の世界でも、あえて「ネガティブ路線」を選ぶ人がいます。「世の中の闇を暴く！」と誰かを告発するなど、マイナスの要素に戦略的に焦点を当てるのです。その手法の場合、やはり一定数のファンは得られるのですが、強烈なアンチも多くなります。

ですからやはり、**「応援されたいとき」は、ポジティブな雰囲気を醸し出すことが重要**です。それが、誰にとっても真似しやすい「多くのファンをつくる王道」だと言えるでしょう。

欲しいのは「共感」

ここまでの説明で、「お金を稼ぐために必要なもの」とは何か、理解していただけたのではないかと思います。

欲しいものは、あなたのことを理解して、無条件に応援してくれるような「ファン」なのです。どんな職種、業界においても、応援してくれるファンがいれば、ビジネスになります。

ではいったい「ファン」とは何なのでしょうか？

僕なりに「ファン」という言葉を定義してみると、「仲間」ということになります。

詳しく言うと、「ＹｏｕＴｕｂｅで投資の情報を発信している僕」にとって、「ファン」とは「一緒に楽しく稼いでいけるようになるための仲間」です。

「仲間」とは「ファン」であり、「ファン」とは「仲間」。

つまり、上下関係ではなく、フラットな関係です。

よくある「講師と生徒」「師匠と弟子」というような堅苦しい絆ではないと捉えています。

さらに言うと、「ファン」とは僕の「発信した情報」に対して、対価（お金）を喜んで支払ってくれる人のことを指します。

もちろん「お金を払いたい！」というレベルの人、つまり「コアなファン」をゼロから獲得していくのは、至難の業です。相当な熱量でその人のことを愛して、信頼を寄せていなければ、「お金を払いたい！」という気持ちには、なりにくいものだからです。

しかし、僕は「ファン」という存在の重要性を認識できているからこそ、ＹｏｕＴｕｂｅで稼げたり、〝自分のビジネス〟をうまく軌道に乗せたりすることができているのでしょう。

「楽しいこと」「好きなこと」に没頭していたとしても、それを発信しなくては、ファン獲得にはつながりません。ましてや、お金を得ることにはつながりません。

もちろん、リアルの世界のみならず、ネット上での発信でもよいのです。

「楽しいこと」「好きなこと」を、世界に向けアウトプットすることに、こだわってほしいと思います。

「楽しいこと」「好きなこと」を、苦も無く発信できる体質になることこそ、お金

を生み出す。

そう覚えておいてください。

さらに言うと、「発信」によって何を伝えたいのかというのも大きな問題です。たとえば動画の場合、視聴者に「有益さ」「楽しさ」「面白さ」をお届けすることも大事ですが、発信者本人の個性や人間性を伝えることも、それと同じくらいに重要な要素です。

なぜなら、相手の人間性を信頼できたとき、人は再び、その人に触れたいと願うものだからです。

具体的に言うと、僕は「投資」にまつわる動画も多く配信していますが、そこでは「投資」に純粋に関わる情報以上に、自分の人間性を最上の形でお伝えできるよう、心を砕いています。

言葉の選び方や話し方など、言葉にまつわる情報（言語情報）と、衣装や表情などのビジュアル（非言語情報）どちらも大事なものです。信頼や共感、親しみを得られるかどうか、つまりコアなファンになってもらえるかどうかが、これらにかかっているからです。

「ファンが大事」、だから「ファンになってもらうにはどうすればよいか」。このような逆算をして、うまくアウトプットをしていきましょう。

ファンの重要性については、このあとの第４章でもお伝えしていきます。**お金を運んできてくれるのはファンである**、という真理を、どうか記憶に留めておいてください。

失敗を恐れずチャレンジから逃げない

もちろん、「好きなことを楽しみながら発信すること」で、失敗したと打ちひしがれることもあるでしょう。けれども「好きなこと」にまつわることだから、〝失敗〟だって楽しいはずなのです。

それに失敗は、成功の糧にもなってくれます。次に活かせるものだから、決して無駄にはなりません。

もちろん、ユーチューバーになってからの僕も、数多くの失敗を経験しています。そんな話もしてみましょう。

そもそも「失敗」は、大きく2つに大別できます。「技術的な失敗」と、「ビジネス的な失敗」です。

1つ目の「技術的な失敗」は、ビギナー（初心者）にはつきものです。ですから、さほど気にしすぎることはありません。

たとえば、ＹｏｕＴｕｂｅにアップする動画を街で撮影中、通行人があまりにも多く映り込みすぎてしまったときなどです。そんな場合は、あとで「使えるかどうか」と悩み、モザイク処理をかけたりします。

当然、モザイク処理には時間も費用もかかるもの。撮影時の失敗のおかげで、思わぬ出費になってしまったこともあります。

でも、そんな失敗があるからこそ、次の撮影時には用心深くもなります。

通行人が少ないエリアをうまく探せるようになったり、通行人の顔が映り込みにくい画角を発見したり、撮影の技術も向上します。その結果、コスト抑制に成功したうえ、動画の質もアップすることに……。

だから、技術的な失敗を恐れすぎる必要はありません。むしろビギナーでいるうちに、さまざまな失敗を経験するほうが、トクなのではないかと思うほどです。

2つ目の「ビジネス的な失敗」は、多少なりとも心に留めたほうがよいかもしれません。

たとえば僕の場合、よくやってしまいがちなのが「目の前のことでいっぱいになり、遠くの未来が見えなくなる」という失敗が挙げられます。

やりたいことが増えたり、期日が迫ってきたりすると、目前の課題やタスクだけに集中してしまうのです。

もちろん、「今やるべきことに集中すること」は作業効率をウンと高めてくれるし、非常に大事です。でもユーチューバーとして息長く活動していきたいと願う以上は、どんなに繁忙期であっても、本来は1年単位、5年単位、10年単位で事業計画を立て、仕事の管理をしていくべきなのです。

目前のことばかりに没頭するのは、遮眼帯をつけられ走らされている競走馬のようなもの。「未来の自分がどうなるか」というビジョンを描けず、当然ながら実績も伸ばせず、成長もできなくなってしまいます。


要は、「今月仕掛けたビジネス」だけにとらわれていると、次の月以降のビジネスをゼロから構築しなければならなかったりもするわけです。だから積極的に、攻めの姿勢で未来を設計していく必要があります。

平たく言うと、それは「夢を見る力」と表現できるかもしれません。**どんなときでも「夢を見る力」を発揮させるのは、意外と難しい**のです。

これが、僕のよくやりがちな「ビジネス的な失敗」です。

ただ、キャリアが長くなるにつれて、「ビジネス的な失敗」に対するセンサーの感度は自ずとアップします。

足をすくわれそうになっても、早期に気付いていて、軌道を修正しやすくなります。

だからどんな種類にせよ、失敗の回数を重ねることで、自分の能力を伸ばすことができます。失敗を恐れすぎる必要なんてありません。「失敗が怖いこと」を言い訳にして、新しくチャレンジすることから逃げないでほしいと思います。

第2章

YouTubeは世界一ハードルが低いビジネス

YouTubeはビジネスになる！

この本を手にとってくださったあなたは、次のようなワクワク感を多少なりとも抱いているのではないでしょうか？

「仕事をもってはいるけれど、本当は好きなことで稼いで生きていきたい！」

「YouTubeって楽しそうだから、もしできるなら自分もやってみたい！」

こんな気持ちが、もし少しでもあるのなら、ぜひYouTubeを始めてみてほしいと思います。

そしてできれば、YouTubeを単なる〝趣味の場〟としてではなく、多少なりとも〝マネタイズ（現金収入を得ること）の手段〟として捉えてみてください。

僕はこれをBUSINESS YouTube（ビジネスユーチューブ）と勝手に言っています。

このお話をすると「ＹｏｕＴｕｂｅで稼げるの？」という質問をよくいただきます。

僕は「**YouTubeだからこそ稼げる**」と言えます。

すると、必ずといっていいほど、こう尋ねられるのです。

「稼ぐといっても、ＹｏｕＴｕｂｅからの広告収入をもらうことでしょう？」

残念ながら、答えはノーです。

「副業紹介サイト」などでよく紹介されている「ＹｏｕＴｕｂｅからの広告収入」で稼ぎましょう、と提案したいわけでは全くありません。

そのマネタイズのスタイルは、確かに「アリ」なのですが、よほどの知名度を誇るユーチューバーでないと稼げなかったり、それを始めるための条件が非常に厳しいものであったりします。

僕がおすすめするのは、より気軽にスタートできて、ムリなく続けられるタイプのものです。

ここでは念のため「ＹｏｕＴｕｂｅ広告」とは何か、解説しておきましょう。オールドなタイプの〝ＹｏｕＴｕｂｅでの稼ぎ方の王道〟です。

ご存知の方も多いかもしれませんが、ＹｏｕＴｕｂｅでは再生回数に応じた広告料が動画の配信者に入金されるようになっています。

ＹｏｕＴｕｂｅで動画を見ていると、冒頭にスキップ可能なＣＭが流れたり、途中で動画の下にバナー広告が出てきたりすることがよくあります。これらの広告が「広告料」（お金）を生み出し、配信者に入るという流れです。

たとえば「インストリーム広告」という再生前、再生中、再生後に出る広告の場合、最後まで再生されるか、30秒以上見られることで、広告料が発生します。

動画の下に出るバナー広告は、視聴者からクリックされることで広告料が発生します。

もちろん視聴者の本音としては、動画のせっかくのムードが壊されたり、盛り上がっているところで流れが中断されてしまったり、わずらわしく感じることもあるかもしれません。

ただ、このタイプの広告を動画に置いてマネタイズしている人は、少なからず存在します。
「再生回数が多くなればなるほど、多く稼げる」というわかりやすいルールであるため、圧倒的な知名度のある有名ユーチューバーには、便利なシステムだと言えます。

ただ、繰り返しになりますが、**僕がおすすめしたいのは「YouTube広告」という稼ぎ方ではありません。**

なぜなら、簡単に始められるわけではないからです。

「チャンネル登録者数が1000人以上＋過去12か月間の総再生回数が4000時間以上」が、この「YouTube広告」を始める条件になるからです。
「チャンネル登録者数1000人以上」というのは、意外と高いハードルです。
しかも1再生あたり、いったいどれくらいの広告料が発生するか、ご存知でしょうか？

ある人気ユーチューバーさんが公開されていたのですが、再生数約35万回で、約80ドル（アメリカドル）。日本円に換算すると、1万円強。

つまり「1再生＝0・02円」という計算になります。

最近は、ユーチューバーの数も増えたため、数年前より広告料も安くなっています。

逆の見方をすれば、このように安い単価であっても巨額の広告料を稼ぎ出す有名ユーチューバーさんは、素晴らしいということになります。

ただ、この広告料金については詳細が公開されているわけではありません。チャンネル登録者数や、再生時間などによっても、多少の増減はあるようです。

とはいえ、「これからＹｏｕＴｕｂｅを楽しみながら始める」というビギナーさんに、マネタイズの手段としておすすめできるものではありません。

実際、僕のＹｏｕＴｕｂｅ動画には広告を表示していません。ではいったい、ＹｏｕＴｕｂｅ広告以外の道で、どのようにマネタイズをしていくのか。この点こそが本書でお伝えしたいメッセージの核となります。

ファン、スポンサーが大きな収入をもたらす

どのようにマネタイズするのか。大事なことですので最終章である第5章で詳しくご紹介をしますが、ここではおおまかにお伝えしておきます。

1つ目の稼ぎ方は、YouTubeにアップした動画を元にしてファンを増やし、あなたの携わるビジネスの商品やサービスを、より普及させるという道です。

つまり、**YouTubeの動画を本筋のビジネスの〝呼び水〟として利用する**わけです。僕もユーチューバーとしての収入のほとんどはこの手法によるものです。

YouTubeの動画を見てあなたの存在を知り、〝動画のファン〟になってくれた人は、ビジネス上でもファンになってくれる可能性が高いのです。「もはや潜在的な顧客である」と表現してもよいでしょう。

ひと昔前は、ビジネスを営む人が「個人を知ってもらうためのツール」としてブログや、拡散性の高いSNS（Facebook、Twitter、Instagramなど）を利用していましたが、現代は既に動画の時代です。

それらは旧式のコミュニケーションツールになりつつあるのかもしれません。

もちろん、SNSは下降傾向にあるとはいえ、依然として大きな影響力をキープしています。YouTubeへの太い導線として、それらを活発に利用し、アクティブな印象を発信しておくことは重要です。

ただし、SNSからの発信はあくまで相互補完するもの、と捉えておきたいものです。

あくまで、**メインとなる発信はYouTubeを舞台とした〝動画〟**です。


このお話をすると「自分には売りたいモノもサービスもない」という方がいらっしゃいます。

そんな方は、自分らしさを活かしてゼロから構築できるビジネスについて、第5章でお話をしていきます。167ページからですので、気になる人は先に読んでいただいてもかまいません。

また、2つ目の稼ぎ方は、「動画のファンになってくれた企業にスポンサーになってもらい、直接広告料をもらう」という道です。

先にお伝えした「ＹｏｕＴｕｂｅ広告」は、ＹｏｕＴｕｂｅから広告料をもらうというモデルでした。

そうではなく、世に数多ある企業から直接オファーをもらい、その企業の製品やサービスを動画内で紹介して、広告料を対価として受け取る、という流れです。

一言で言うと「**スポンサーを獲得する**」という道です。

たとえば、Ａ社が開発した食品を、あなたの動画の中で実際に食べてリポートし、視聴数や反響などに応じて料金をもらうというマネタイズの道です。

これは突飛な空想ではなく、地に足の着いた現実的な話です。

もし、ＹｏｕＴｕｂｅ内のあなたのチャンネル登録数が増え、数千人、数万人という単位でファンを獲得できていたとしたら、そのコミュニティは、世の企業から見ると非常に魅力的なものに映ります。

あなたのファンは、あなたが選んだものや、動画で取り上げたものを無意識のうちに「欲しい」と感じたり、好意的な印象を抱いたりするようになるからです。

今風の言葉で言えば、ユーチューバーとはインフルエンサーなのです。

実際僕の知人でも、一般企業から広告料をもらってその製品やサービスを動画内で紹介しているユーチューバーは数多くいます。

たとえば僕の知り合いのユーチューバーのJさんは、あるスポーツのレッスンプロをしています。彼の腕や教え方は、一流です。

するとどうでしょう、チャンネル登録は7000人くらいだったのですが、大手スポーツメーカーから「スポンサーになりたい」というオファーが舞い込んだのです。

それは、Jさんがユーチューバーとなってからまだ3か月目くらいのことでした。

かつては「10万人のチャンネル登録があると、広告を載せる価値があると見なされ、スポンサーから声がかかりやすくなる」というのがユーチューバー界の常識でした。

でも、企業の中には「チャンネル登録の数はまだ少ないが、将来性を見込んで他社よりも先にスポンサーになっておこう」というところもあるようです。なんとも夢のある話ではないでしょうか。

「ファンになってくれた企業にスポンサーになってもらい、直接広告料をもらう」という道を選んだ場合、唯一の難点は声がかかるのを待ち続けるということです。

したがって、YouTubeを入り口として、まず〝自分のビジネス〟にファンを誘導し、稼いでいくのが最も効率が良いのです。

僕はまさしくビジネスユーチューバー（Bチューバー）として稼いでいるのです。

最初の3か月の初速が命

マネタイズを念頭に置いて、いざＹｏｕＴｕｂｅを始めるとなったとき、最初の大きな節目を念頭に置いてほしいと思います。

それは、**最初の「3か月」という期間**です。

どんなビジネスについても同じですが、新製品を発売したり、新サービスを立ち上げたりするときは、最初がとても肝心です。

「最初の時期にどれだけ売れるか（利用されるか）」を、専門用語で「初速」と呼んだりもします。それほど、初期の反応は大事なのです。

初速のデータを計測し、分析することで、今後の売れ方や広がり方をある程度読み取ることができるようにもなります。ＹｏｕＴｕｂｅも、まさにそうです。

また、人はなんらかの目標があったほうが、モチベーションをうまく保ち続けることができます。

「3か月でチャンネル登録500突破」

このような具体的な数値を掲げて、ひと頑張りしてみましょう。

そして、さらに3か月後。つまり**YouTubeを始めて半年後には「チャンネル登録1000突破」を目指しましょう**。

「チャンネル登録1000」という数字は、非常に大事です。なぜなら、YouTube側からの評価が一気に上がり、YouTube内での検索エンジンにひっかかりやすくなり、拡散性がさらに高まるからです。

「チャンネル登録1000」を超えた先には、違う次元の世界が広がっていると表現してもよいでしょう。

メルクマール（指標）を強く意識しながら、毎日少しずつ作業を積み重ねて、一定のペースを守りながら動画をコツコツアップしていく。一見地味に見えるかもしれませんが、このような計画的な努力こそ、マネタイズの土台となります。

たとえば「最初の勢いだけで1か月間だけ頑張り、そのあとは飽きてしまって放置する」。そんな残念なユーチューバーを見聞きすることも少なくありません。

たとえ1か月、がむしゃらに頑張ることができたとしても、成功の果実を収穫するにはなかなか至らないはずです。成功のためには、濃厚な頑張りも大事ですが、「3か月」という一定の時間も不可欠なのです。

それは、社会に「あなた」というユーチューバーの存在を浸透させていくのに必要な期間です。

たとえば、おいしいワインを作ろうと思えば、ある程度の熟成期間が要求されるもの。中には数年をかけてゆっくりと熟成する超高額な高級ワインも、世の中に出回っています。

「それよりは全然短い話じゃないか」と捉えて、まずは3か月間、頑張りすぎずに楽しんで動画の配信を続けてみましょう。

YouTubeのメリット①簡単

YouTube経由で、全世界に動画を配信することには、さまざまなメリットがあります。

その1つ1つについて、説明させてください。

最初に挙げられるのは何より「簡単」ということです。

たとえば、編集をせず、10秒程度の短い動画を配信する場合であれば、1〜3分程度で作業は完了します。

「Facebookに、1枚の写真をアップするような感覚」というと、すんなりイメージしていただけるかもしれません。

もちろん「テロップを載せたり、効果音を足したりなど、編集を楽しみたい」という場合は、作業時間は長くなります。

また、動画データが重くなると、アップロードをすること自体に時間がかかることもあります。

動画が短いことや、編集をしないことが、大きなマイナス要因となることはありません。

動画の完成度の高さよりも「撮った内容」だけで、勝負することができることも、ＹｏｕＴｕｂｅの長所です。

たとえば、「動物が見せた驚きの行動」や「かわいい赤ちゃんの一瞬の行動」を見てほっこりした経験をもつ人は多いはず。

動画の内容に力があれば、テロップも効果音も必要ないのです。

▼必要なのはスマホだけ

「動画を撮るからには、専用の撮影機材も揃えるべきでしょうか？」

こんな相談もいただきます。

確かに現在の僕は、良い動画が撮れそうなときには「最新式のマイクやカメラ、丈夫な三脚」という3点セットを、携帯することがよくあります。でも、そんなフルスペックで移動し続けていると、荷物は増え、フットワークは重くなり、モチベーションがすぐに減退してしまいます。

ユーチューバーとして軌道に乗るまでは、「撮影機材はスマホだけ」と、いい意味で〝割り切る〟ことをおすすめします。

今は、動画編集用のスマホアプリが、初期から搭載されていることが多くなりました。

たとえばAppleのiPhoneの場合、「iMovie」(アイムービー)というビデオ編集アプリが入っています。「iMovie」は非常に優れたアプリで、画像編集の基礎知識がない人でも、ある程度の編集が手軽にできます。

しかし、高価な機材を揃えるよりも動画のタイトルを考えるところにエネルギーを費やすべきでしょう。

「どんなタイトルをつければ、バズるか（インパクトを与えて、ＰＶを稼げるか）」コピーライターになったつもりで、考えてみてください。タイトルについては、第３章で解説しています。

YouTubeのメリット② 初期投資不要

自己資金がゼロ円、つまり持ち出しナシでスタートできるのもＹｏｕＴｕｂｅの大きなメリットです。

自分自身がユーチューバーとなって動画に出演する場合だって、特に何かを買い足す必要はありません。

もちろん「着ぐるみを着て、撮影したい」「コスプレをして出たい」というなら話は別です。ある程度の出費を覚悟することになるでしょう。

でも、全ての人が着ぐるみやコスプレの格好で出演したいわけではないはずです。

動画は「ファッションショーを見てもらう場」ではないのですから、伝えたいものがしっかりとあれば、カジュアルなスタイルでＯＫです。

また「堅い内容を専門家として講義して配信したい」という場合でも、手持ちのスーツを着たり、ジャケットを羽織ったりするというレベルで十分でしょう。

ただし、あまりにヨレヨレの部屋着や、清潔感のない服装で写っていると、動画のよさとは関係なく、コメント欄で〝見た目〟について攻撃されてしまうこともあるのでご注意ください。


「自宅が写るのがイヤで動画が撮れない」という人もいます。

でも、家中をくまなく撮影する必要なんてありません。スマホ用の三脚で、部屋の一角を撮るだけの話ですから、写る部分だけを整えればよいのです。

壁を背景として、幅約１ｍ程度の範囲だけを写せばよいのです。その狭さなら、どんなにものが多い部屋でも、一瞬で整えられるのではないでしょうか。

動画を撮るから「豪邸に住まないといけない」「最先端のインテリアを用意しなければいけない」などと構える必要は一切ありません。〝汚部屋〟でない限り、特別な対策なんていりません。

逆に言うと「汚部屋に住んでいる」人は、それを自分のキャラクターにして、「汚部屋具合」を実況したり、「片付けていくまでの過程」を時系列に沿ってルポしたりすれば、面白いことになるはずです。

YouTubeの世界では、人生、全てがネタになります。

「お金がなくて、所有しているものが少ないこと」「人より劣っていること」「ツイていないこと」……。

世の中的には〝ネガティブ〟と捉えられていることも、考え方1つで動画のネタになってくれます。

「動画を面白くするために、お金を出して何かを買おう」という考え方は、ひとまず手放してみませんか。

必要以上に見栄を張ったり、背伸びをしたりすることはありません。

YouTubeのメリット③人柄が伝わる

動画とは、面白いものです。

特に「人」を映したとき、その人の〝素の部分〟まで透かすように、映し出すことができます。

だから「ネット上では、いい人っぽく見られたい」と思っているのに……。その人の本心が〝黒い部分〟ばかりであれば、そう見えなかったり……。

はたまた、うまく取り繕っているつもりでも、一瞬気がゆるんだ拍子に、意地悪そうな表情が映し出されてしまったり……。

最初のうちは、「自分の脳内イメージ」と「リアルな自分の映像」のギャップに驚くことがあるかもしれません。

しかし、それは誰もが通る道です。悩みすぎないようにしましょう。

また、よくあるのは「自分の想像以上に、無表情＆無愛想に映っている」というケースです。

「普段からよくテレビに出演している」というようなタレントさんでもない限り、撮られた動画を確認すると、無愛想な仏頂面で映っていることが珍しくありません。特に男性の場合、その傾向は強まります。

「撮影中は、多少口角を無理やりでも上げて、笑顔を意識してみよう」

そんな心構えでいても、良いかもしれませんね。

僕の場合は〝表情〟などの表面的な見え方以上に、普段から誠実に生きて、相手に丁寧に接することを心がけています。誠実さを重んじる心は、動画にもにじみ出るはず。

誰だって「誠実な人が発信する情報」を受け取りたいでしょうから……。

また初心者のうちは、緊張のあまりしどろもどろのトークになったり、噛みまくってしまったりすることがよくあります。しかし、それも気にしすぎないようにしましょう。それでいいのです。

視聴者があなたに求めているのは、動画の純粋な面白さ、そして言動のユニークさです。卓越したトーク術を期待しているわけではないのです。

「プロのアナウンサーを目指しているわけではない」と割り切って、動画全体の質の向上を目指していきましょう。あえて「噛みやすいキャラ」に設定してしまうのも、有効です。

「噛みやすい人」というだけで、親近感をもってもらえたり、応援してもらえたりすることがあります。

つまり、ポジティブなことも、ネガティブなことも、その人のキャラクターの大事な要素となりうるのです。

そのキャラクターの魅力を最大限に伸ばす方法を、模索していきましょう。

YouTubeのメリット④ 続けるだけでバズりやすい

さらに「動画をアップし続ければ、バズりやすい」という点もYouTubeのメリットです。

もちろん「動画のクオリティーアップを追求する」など、職人気質的な要素は大事です。でもそれ以上に「**60点の出来でもいいから、コンスタントに投稿し続ける**」というムラのない持続性は重要です。

たとえば「珍しい動物の出産シーン」をたまたま撮影することができたとします。その動画をアップして、かなり大きくバズったとしましょう。でも、「大ヒット動画」を撮ることにこだわるあまり、それ以降、新しい作品をアップできなくなったとしたら……。

「出産シーン」という強力なキラーコンテンツがあるのに、そのチャンネルの再生回数自体はやがて伸び悩んでいくことでしょう。

それでは、単なる一発屋ユーチューバー。バズった「出産シーン」も〝宝の持ち腐れ〟です。

キラーコンテンツを生み出せた人ほど、さらなる高みを目指して継続すべきなのです。

動画とは〝働き者〟で「アップしておくだけ」で再生回数を稼ぎ出してくれる性質があります。

当然ながら、動画の数が多くなればなるほど、バズりやすくなり、ユーチューバーとしてあなたが売れる確率もアップします。

だから、たとえ60点の出来でも、コンスタントにアップし続けることをおすすめします。

もちろん、動画を増やすスピードは早ければ早いほど、有利に働きます。

このＹｏｕＴｕｂｅの特徴は、他のＳＮＳと全く異なっています。

Ｆａｃｅｂｏｏｋ、Ｔｗｉｔｔｅｒ、Ｉｎｓｔａｇｒａｍなどは、投稿をすればするだけ、基本的にはタイムラインの下へと押しやられてしまいます。そのＳＮＳ内で検索をかけない限りは、再浮上しません。つまり、時間が経てば人目につかなくなってしまい、ほぼ「なかったこと」になってしまいます。

ただ、ＹｏｕＴｕｂｅは違います。

ＹｏｕＴｕｂｅに親しんでいる人は、しょっちゅう検索をして動画を探してくれています。ですから、数か月、数年前に投稿した動画も、検索ワードさえ適合すれば、すぐに急浮上し、再生回数を稼いでくれる場合もあるし、突如関連動画に表示されるということもあります。

動画が増えれば増えるほど、検索や関連動画に引っかかる可能性は高まります。

どのような仕組みか、そのアルゴリズムを解明するのは難しいのですが……。突発的な何かの影響で、何年も以前の自分の動画がクローズアップされることがあるわけです。

ひと昔前に「SEO対策」というコンピュータ用語が流行しました。

SEOとは「検索エンジン最適化（Search Engine Optimization）」の略です。「外部施策」といって、優良な被リンクを集めたり、「内部施策」といって、検索エンジンに高く評価されるようにウェブページを最適化したり。そのサイトが、検索されたときに上位に表示されるよう工夫することです。

ありがたいことに、YouTubeの場合、そのような対策はあまり必要ありません。

検索にひっかかりやすいように修正をしたり、バージョンアップさせたりという手間がかからないのです。

もちろん、内容は面白いのに再生回数がさして伸びない場合は、タイトルを修正したほうがよいこともあります。ただ基本的に、一旦アップしたらそのまま置いておく、つまり**〝ほったらかし〟にしておいても、バズる可能性が非常に高い**のです。

これはとても夢のある考え方です。僕はこのように「YouTubeに動画を放置しておくこと」を、「**動画に働いてもらう**」と呼んでいます。

よく、投資家が投資の本質を「**お金に働いてもらうこと**」と形容しますが、それと似ている部分があります。

つまり、あなた自身があくせく働かずとも、過去の動画たちが検索にひっかかって誰かの目にとまり、ひとりでに拡散してくれるのです。

極論を言うと、**あなたが寝ている間も、撮りためた動画たちは働いていてくれる**ことになります。

「金持ちは自分のためにお金を働かせる」、こんなロバート・キヨサキ氏の言葉があります。

ロバート・キヨサキ氏とは『金持ち父さん貧乏父さん』（筑摩書房）という作品を１９９７年に発表した投資家です（日本では２０００年に発売）。この作品は「金持ち父さんシリーズ」としてシリーズ化され、全20余作品が今なお世界中で反響を呼んでいます。

そもそも「仕事」というのは、「自分が時間を使って働くこと」に限りません。ロバート・キヨサキ氏は、システムやチーム、投資などの力を借りて「お金を自分のために働かせる」ことを提唱しています。

自分自身の力だけで労働に従事していては、働かなくなったあと、収入は激減してしまいます。

そうではなく、何かのシステムやチームなどの力を借りて稼いでいける人が、強いのです。

僕は「金持ち父さん」シリーズが大変好きで、今なお多くの教訓を学ばせてもらっています。そんな経緯もあり「ＹｏｕＴｕｂｅの動画を自分のために働かせる」という考え方を、自信をもって皆さんにお伝えしたいと思っています。

悩む前に始める！

ここまで、YouTubeのメリットを見てきました。

簡単であり、初期投資が不要であり、人柄でも勝負できて、続けるだけでバズりやすい。

こんなに多くのメリットがあるにもかかわらず、デメリットは思い当たりません。

迷ったり悩んだりする前に、まずは走り出してみませんか。

デメリットと言うほどではありませんが、1つだけ気を付けてほしいことがあります。

それは、個人情報がバレてしまう「身バレ」です。

本名のままユーチューバーとして活動し、ブレイクした場合、自宅の住所や電話番号などが、熱烈なファンに特定されてしまうことがあります。

ユーチューバーは、芸能人と同様に〝憧れの対象〟となることが珍しくありません。

いい感じの熱量で応援してくれるファンばかりなら問題ないのですが、中には熱烈すぎるファンの人も出てきたりします。

そのため自衛策として、本名を伏せてユーチューバーになることをおすすめします。

最初にニックネームで活動していて、後で名乗りたくなったとしたら、そのときに堂々と本名を公開すればよいのです。

けれども、先に本名を公開した場合、後でニックネームに変更したとしても、本名を「ネット上から消す」作業は至難の業です。

また個人情報としては、家族やパートナーについての事柄も伏せておくほうが無難です（「親御さんに向けての子育てアドバイス動画」などなら、話は別かもしれません）。

さまざまなリスクを想定して、「わが子の顔は出さない」などのマイルールを、最初に設定するとよいでしょう。

また、異性のファンの獲得を目指す場合、自分のパートナーの存在については、伏せておくほうが賢明かもしれません。

個人情報をどの程度まで開示するか。それさえきちんと押さえておけば、他に悩む要素はありません。

悩む前に、始めましょう。

「最初の21日」で動画投稿を習慣にする

人が、新しく物事を習慣化したいとき「約21日が必要である」というのが定説になっています。

具体的に言うと「インキュベートの法則」という習慣化についての法則があります。行動心理学という学問の世界では、有名な法則です。

最初は「習慣化をしたい」と意識的に取り組んでいる状態が続きますが、日が経つにつれ、無意識のうちに取り組めるようになる……。そんな傾向があるそうです。そして、21日という期間を過ぎると、新しく始めた習慣が「欠かせないもの」になるのだとか。

このような人の特徴を、利用しない手はありません。

もちろん、「21日間、動画を毎日アップしよう！」というわけではありません。**多少の日数はあいてもいいので、最初の「21日間」は、動画のコンスタントな配信を自分自身に義務付けましょう。**

ちなみに**人気ユーチューバーになればなるほど、動画配信の頻度は高くなります。**見ていると「1日1回以上」、しかもだいたい決まった時間にアップされることが多いようです。

なぜなら、それは「**ファンのためだから**」。

動画の配信を毎日心待ちにしてくれているファンのために、毎日休むことなく、しかも、わかりやすいように決まった時間帯に配信するというわけです。


まずは「2日に1回」くらいの頻度で、動画を配信していきましょう。

本音を言うと、**理想は「1日1回」**です。

本業のお仕事の都合などで忙しく、なかなか難しい場合は「3日に1回」でもよいでしょう。肝心なことは「無理のない範囲で、細く長く続けること」です。

慣れてくると、動画編集の技術が向上したり、楽しく取り組めたりするようになるので、配信の頻度が高くなることもあります。

「義務感でイヤイヤこなしている」なら、その人にとって「無理のある速さ」かもしれません。

「楽しみながらやっている」なら、理想的なペースと言えます。

あなた自身が純粋に「面白い！」と感じられる速度で、続けていきましょう。

止めてくる人とは距離を置け

「自分ももっと稼ぐためにＹｏｕＴｕｂｅを始めよう！」

そう決めたら、本書を信じて動画をどんどんアップしていきましょう。

ただし気を付けてほしいのは、あなたの周囲にいる〝ドリームキラー〟（夢を壊すような言動をする人）です。

両親などの身内や、友人、知人、同僚……。

もしかすると、「ユーチューバーになること」をとがめたり、笑ったり、心配したり。あなたのヤル気を喪失されるようなアクションをとるかもしれないからです。

それはあなたのことを〝好きすぎて〟の忠告であることが多いもの。とはいえ、せっかくのモチベーションに悪影響を与えられるくらいなら、心理的な距離を一時的に置くほうが正解かもしれません。

なぜこんなことをお伝えするかというと、僕自身につらい経験があるからです。

僕が「これから職業としてユーチューバーをやっていくぞ！」と希望に燃えていた時期のこと。何の気なしに打ち明けた知人や友人たちから、一斉に「大丈夫か？」とネガティブな反応を返されてしまったのです。

もちろん、みな僕によくしてくれていた人たちだったので、その反応をありがたいとは思いました。

でも、せっかくヤル気に満ちていたところに冷や水をかけられたような気がして、僕は精神的に少し参ってしまいました。

その原因は、みんなの意識の中に、ユーチューバーへの職業差別的な意識を感じたことが大きいかもしれません。

争いは好まない性格なので、言い返すことはありませんでしたが、それからの僕は「**夢を守るために、ドリームキラーには近づかないこと**」を心がけるようにもなりました。

そのかわり、心の支えにしたのは配信した動画の「高評価」の数、そしてチャンネル登録者数です。

「高評価」や「チャンネル登録者数」という実数の背後には、実はより多くのファンがいます。

僕はそれを「サイレントなファン（静かな支援者）」と呼んでいます。

僕の動画を、アップする度にチェックしてくれているけれど、あえてコメントはしない。そして、「高評価」も押さない。そんな人は、意外と多いものなのです（視聴者自身がＧｏｏｇｌｅ アカウントを取得していないと、ＹｏｕＴｕｂｅの「高評価」が押せない、というシステム的な事情もあります）。

だから、「高評価」などの目立つ履歴を残してくれるファンに加え、「サイレントなファン」の数までつかみたい場合、「**再生回数**」を気にするとよいでしょう。

僕の場合、「高評価」１つの陰に約5～10人の「サイレントなファン」がひそんでいる、という実感があります。

このように「ドリームキラー」の言動を真に受けてダメージを負うよりも、ファンが増えていく喜びをかみしめることに時間を使いましょう。

そもそも「ドリームキラー」の人は、無責任な発言を繰り返しているだけのことが多いものです。

動画の重要性や、ビジネスモデルの世界的な流れも知らないのに、その場の勢いで「ユーチューバーなんて、大丈夫?」などと、〝感想レベル〟の言葉を口にしているだけかもしれません。

そんな旧式の人たちに負けず、あなたは「決めたら続ける」という姿勢を貫いてください。

ユーチューバーはモテる

職業としてユーチューバーの活動をするようになると、スケジュールが立て込んできて「焦って撮る」という状況に追い込まれることもあります。

そんなときこそ、僕は心を落ちつけて、慎重に撮るようにしています。急いでいるときこそミスが起こりやすくなったり、自分の焦りや〝やっつけ感〟が画面ににじみ出たりするからです。

慣れてくると、そんなメンタルコントロールの術にも長けてきます。

また、自分自身を客観視することも可能になります。

録画した動画を見返してチェックすると、自分へのツッコミポイントが浮かび上がってくるように見えるのです。

「今日はテンションがいつもより低い」
「なんだか体調が悪そうに見えるな」
「ここは違うしゃべり方にすれば、魅力をより伝えられたかもしれない」
「僕の姿勢には、こんなクセがあるのだな」

このようなツッコミポイントを1つ1つ改善していくということも、自分のささやかな喜びになってくれます。それは**ビジネス用語でいうところの「PDCA」を**

回す感覚に近いかもしれません。

「PDCA」とは、Plan（計画）・Do（実行）・Check（点検・評価）・Action（改善・処置）の頭文字を取ったもの。「目標に向かって計画を実行し、評価して、改善する」というサイクルを、コツコツと積み重ねることを指します。

ＰＤＣＡの良いところは、自分自身をその都度〝発見〟できる点にあります。だから、自分の外見も、中身も、アップデートしていくことができるのです。

外見が磨かれたり、若々しく健やかでカッコ良く見えるようになったり、トークがうまくなったり。本質的なところでは、企画力や思考力、コミュニケーション力が鍛えられたり。

そのような変化は、あなたが携わっている本業においても、良い影響を与えるはずです。また「よりモテること」にもつながることでしょう。

これらは全て、ユーチューバーとして活動を続けると得られる、副次的なメリットです。

第3章

自分が「面白い！」と思うものを発信する

～誰でもできるコンテンツの作り方

コンテンツは自分の人生の中から必ず見つかる

ＹｏｕＴｕｂｅにアップする動画の内容は、〝自由〟です。

あなた自身が撮りたいものを撮って配信できる場。それがＹｏｕＴｕｂｅだからです。ＹｏｕＴｕｂｅの規約に反しない限り、どんな動画でも配信でき、またそれが多くの人の目に止まる可能性があるのです。

「そう言われても、急には思いつかない」という人もいるかもしれません。そんな場合は、今までの人生を少し振り返ってみてください。

あるとき、マスコミ業界で働くＫさんという女性に「あなたがもし今日からユーチューバーになるなら、何を配信しますか？」と尋ねたことがあります。Ｋさんはお仕事が大変忙しいようで、やはり「急には思いつかない」という答えが返ってきました。

しかし、しばらくしてからKさんは、「ホテルの迎え花や、植物園やバラ園などの花が好きで、多くの写真を趣味で撮りためている。それを編集してアップしたい」と教えてくれました。

確かに、何枚かの写真をつなげて1本の動画にするという手法はあるので、「それは素敵なアイデアですね」と賛成しました。

このように、**最初は手持ちのデータで、できることからまず始めるというスタンスが正解**です。

さらにKさんは、こんな質問を投げかけてくれました。

「私は花が好きなのですが、専門家を目指しているわけではないので、名前も育て方も全くわかりません。そんなレベルでも許されるのでしょうか？」

もちろん、そんなレベルでも〝大アリ〟です。「花による癒し」をテーマにして配信すればよいのです。もし、後から興味が湧いてきて、調べた情報を動画に加えたくなったら、そうすればよいのです。

その場合、動画のターゲット層が「癒されたい」という人から「花のことを知りたい」という人へ、シフトすることになります。

とはいえ、最初からそんなマーケティング的な戦略まで立てることはありません。

生活に支障をきたさない範囲で作業を始めて、とにかく走り出すのが正解です。

特に最初のうちは、凝り固まった考え方にとらわれすぎず、ありのままの自分を出していきましょう。それが〝自分らしさ〟を表現することにつながります。

「立派な動画」や「尊敬するユーチューバー」を真似しすぎることもありません。

「下手なところ」や「失敗したところ」がオンパレードの動画でもいいのです。

飾らない自分をさらけ出したときほど、視聴者に親しんでもらえたり、好感度を得られたりするものなのですから……。

「当てよう」より「面白い」が人に見られるコツ

動画の内容について、迷ったり、悩んだりするときは、「自分自身をプロデュースする」という視点で考えてみることも手です。

たとえば、Ｉｎｓｔａｇｒａｍの場合、有名インフルエンサーや、「いいね」が多く付いているインスタグラマーは、画面に統一感があることが多いものです。

たとえば筋トレが趣味の男性の場合。ステーキやプロテインなど高たんぱく食の写真や、ジムでトレーニング中のセルフィー（自撮り写真）が並んでいたり。プラモデルが趣味の男性の場合。自分の作品で、アップする画像や動画がびっしりと埋め尽くされていたり……。

このように「筋トレ」「プラモデル」などとテーマが固まっている人の場合、本人が投稿しやすいことはもちろん、同じ趣味の人たちも集まりやすくなります。

これと同じことが、ＹｏｕＴｕｂｅのチャンネルにも言えるのです。

たとえば僕の場合、「投資」をメインに据えた自己プロデュースを心がけています。

メインテーマが「投資」、サブテーマが「飾らない、やんちゃな素の自分」と設定しています。

「誠実に、嘘をつかず、投資にまつわる情報発信をして、みんなで一緒に〝投資で勝つこと〟を目指す」

これが、僕が一生をかけて伝えていきたい最大のテーマです。

さらに、僕のパーソナリティーをより深く知ってもらうために、〝面白さ優先〟のお遊び系の動画もサブ的に配信するという二重構造になっています。

正直なところ、このようなコンセプトにたどり着くまでは試行錯誤の連続で大変だったのですが、いったん確定させてしまうと、頭の中がクリアになり、企画を考えることも、作業をすることも、非常に進めやすくなりました。

もちろん、最初から明確なコンセプトにこだわる必要はありません。僕も走りながら考えた部類のユーチューバーなので、どうぞ安心してください。

「はたけさんは順風満帆に再生回数を増やしてきたのでしょう?」

そう聞かれることも多いのですが、残念ながらバズらなかった動画も存在します。

たとえば、「巣鴨、浅草、新宿、渋谷で1日フリーハグをする」という体当たりレポート系の動画を配信したことがあります。

1日中撮影という過酷なスケジュールで、感動系のラストにうまく編集したのに、意外と当たりませんでした(笑)。

また「最高の卵かけご飯を作る旅」というコンセプトで、国内の米・卵・醤油の名産地を回ったこともありますが、鳴かず飛ばずの結果に終わりました。

それよりも「スーツ姿でオーソドックスに投資について真面目に解説する」という動画が爆発的にヒットしたりして、その意外さに驚かされたこともあります。

同じ投資でも「旅をしながら投資をする」という凝った企画の動画も、さほど回りませんでした。

つまり、**「当ててやろう」という配信者側の熱い思いや企画のトリッキーさと、再生回数は比例しない**のです。

「当たらないだろう」と気楽にアップした動画が、はねる（大ヒットする）ことだって多いのです。だから結果など気にせず、「面白いと心底感じられること」を追求していきましょう。

あなたが「面白い」と本気で感じながら動画を配信し続けていると、見てくれる人は現れます。そして「高評価」やチャンネル登録という形で、フィードバックをくれるようになります。

すると、あなた自身が「誰かに求められている」「待ってくれている人がいる」という気持ちで満たされるようになります。

この「**誰かのために、自分は何かをできるのだ**」という部分が、楽しさや生きがいへとつながるのです。

自分が好きでやっていることが、世の中の人の役に立つ可能性があるとは、なんと素晴らしいことでしょうか。

たとえばユーチューバーの中には、自分で演奏した音楽や、描いた絵などを公開している人もいます。アートの才能のある人が、自分の作品を動画に仕立てて全世界に公開するのも、素晴らしいことです。

カラオケでヒットソングを熱唱し、それをコンテンツにしている人も少なくありません。ダンスやパフォーマンスの動画もよく見かけます。

極端な話、**客観的に見て「下手」な作品でもよい**のです。「下手ウマ」などという言葉もあるように、「下手」「素人っぽい」という要素はＹｏｕＴｕｂｅの場合、バズる可能性がむしろ高まります。

変わったところでは〝音系〟の動画も人気があります。ＹｏｕＴｕｂｅには「ＡＳＭＲ」（エイエスエムアール）というジャンルが確立されており、一定数のファンを常に集めています。「ＡＳＭＲ」とは「Autonomous Sensory Meridian Response」の略です。

「ＡＳＭＲ」という言葉は一般的な日本語訳はまだありませんが、「脳がとろけるように気持ちよくなる現象」という意味です。「音楽ではない音から得られる心地良さ」を扱う分野と言えるでしょう。

具体的には、雨音や、焚き火の音、ハサミで物を切る音、メトロノームの音、ささやき声などを集めた動画が当てはまります。

「クチャ、クチャ、クチャ……」という食べ物の咀嚼音の動画も人気のようです。もしかすると「そんな趣味は私には理解できない」と感じる人がいるかもしれません。でも、このように「自分が好きだと思うもの」を全力でコンテンツ化すれば、集まってきて応援してくれるファンがいるのがＹｏｕＴｕｂｅという稀有でスペシャルな空間なのです。

つまり、よく言えば「なんでもあり」。

どんな人にでも、何かしらやれることがあるはずです。

だから、あとは「それをやるかやらないか」だけです。

どうせやるなら「好きなこと」「楽しいと思えること」のほうが続きます。

「会社勤めで疲れきっている」という人であっても、何かしら楽しみはあるはず。

あとは、それをどうやって再発見するか、思い出すかという問題になってきます。

忙しすぎて忘れたり、大人になることで見失ってしまったりした自分自身の本来の〝興味〟を、この機会に思い出してみてください。

好きなものがなければ乗っかれ!

動画の内容について考えたとき。もし好きなものが思い浮かばなければ**「今、人気の動画」を探して、それに類似する路線に〝乗っかる〟**という方法もあります。

たとえば、YouTubeには「急上昇ランキング」(急上昇動画)というものが存在しており、話題の動画が1~50位までのランキング形式で表示されています。

YouTubeのトップ画面の左上にある「急上昇」という項目をクリックする

と見ることができます。

このランキングは15分ごとに更新されています。その時々で、ＹｏｕＴｕｂｅ内の人気動画やユーチューバーがわかります。

たとえば、この原稿を書いている２０１９年3月24日朝６時時点の場合。「イチロー選手の引退会見」「世界フィギュアスケート選手権」という時事ネタに加え、次のような動画のタイトルがズラリと並んでいました。


「肥大化しすぎたトラフグの白子。そのお味に一同驚愕。」

「ハムスターの１０００円自動販売機を作って遊んだら神当たり!?」

「中学生と高校生で変わったこと15選」

「超特盛牛丼で早食い対決！！！」

「感動！　ベンガル猫ベルの２度目の出産を一部始終レポート」

「びっくりドンキーでトップ10食べれるまで帰れまてん！！！！」

「パーカーを何枚重ね着したら異変に気付かれるのか？」

「弟と母が喧嘩で泣いてる理由が。。。。」

「【音フェチ動画】タイピング音&速度 比較テスト」
「【デブvsガリ】銭湯1時間でどっちが痩せられるかダイエット対決！」
「5年放置した大型水槽の水を抜いたら… エッ、まさか?」

タイトルだけ引用させていただきましたが、なんとも想像力を刺激される文字の並びです。特に「好きなもの」がないという人でも、このような「急上昇」動画を眺めているうちに、何かヒントが得られるはずです。

また、**YouTubeの検索窓の予測変換機能を活用すると、ジャンルを絞って動画を探すことができます。**

もし、漠然と好きな分野がある場合、この機能を活かせば、よりクリアなビジョンが見えてくることでしょう。

たとえば、車好きな人がいたとします。たった一文字「車」と打ち込むだけで、次のような予測変換のワードがヒットします。

「車中泊」
「車中泊　女子」
「車中泊の旅」
「車谷セナ」
「車輪の唄」
「車　子ども向け」

この単語の並びを見ると「車谷セナさんというユーチューバーが人気で、『車輪の唄』という歌が流行している」という社会全体のトレンドがわかります。

また、ユーチューバーとして重要なのは「車中泊」「子ども向けの車」というジャンルが、今人気だという点です。

つまり、「なんとなく車が好きな人」が動画配信で人気者になりたいとき、具体的なテーマを探しているとき。予測変換を利用すれば「ＹｏｕＴｕｂｅで車中泊の実況中継をする」というアイデアにたどり着くことができるのです。

鉄板コンテンツ論①検証系

YｏｕＴｕｂｅの動画を「勉強だ」ととらえて長年見ているうちに、いくつかのカテゴリー（分野）に分類できることがわかりました。そのカテゴリーは、7種類ではないかというのが、僕の見立てです。僕はそれを「**神7（セブン）カテゴリー**」と呼んでいます。

動画の内容を考える際は、この「神7カテゴリー」をぜひとも参考にしてほしいと思います。

もちろん、世界中の動画を細かく分類していけば、「どのカテゴリーにも属さない！」ということがあるかもしれません。そんなときは、あなた独自で新たに仕分け作業をしてみてください。

1つ目のカテゴリーは「検証系」です。あなた自身がレポーターになって、「さまざまな事実をリアルに伝えていく」という内容です。

たとえば、テレビの報道番組を思い出してみてください。マイクを持ったレポーターが、スタジオを飛び出して取材に出かけ、町の人からコメントをもらったり、新製品を試したりして、リアルな声を伝えてくれますよね。それと同じと考えればよいのです。

具体的には次のような企画が当てはまります。

▼①既成の製品（サービス）を試してみた

例：「肩こりに効くといわれる健康グッズを試してみた」「アップルウォッチの最新版レポート」など。

▼②街中で〇〇〇をウォッチしてみた（数を数えたり、変化を観察したりする）

例：「新宿駅界隈で、流しのタクシーを最も拾いやすいスポットを探してみた」

など。

▼③街中で自分が□□□□をしてみた

例：「渋谷でフリーハグを募ってみた」など。

▼④噂や俗説を検証してみた

例：「けん玉名人△△さんが教えるけん玉のコツを検証してみた」など。

この「検証系」のコンテンツは最もおすすめです。なぜなら、特殊な技能や専門的な知識がなくても、ヤル気と誠実ささえあれば誰でもできるはずだからです。

ただし、このカテゴリーのウリは「**自分の体や感覚を使って正直に伝える**」という点にあります。だから、調査をした結果や、感じたことなどに嘘や偽りがあってはいけません。

「あくまでレポートなのだ」という点を忘れず、「事実を伝える」という謙虚な姿勢で取り組んでみてください。あっと驚く新事実を発見することができるかもしれません。

鉄板コンテンツ論② 教える系

2つ目のカテゴリーは「教える系」です。「あなた自身が知っていることを、教えていく」という内容です。

職業柄詳しい事柄や、趣味を通して得た知識などを伝えていくというものです。「専門家ではないけれど、実際に学んで知ったことをレポートする」というスタイルもここに含まれます。

先に見た「検証系」と似通った部分のあるカテゴリーです。

たとえば、次のような企画があります。

▼①専門職に携わる人が、自分の得意なことについて解説をする。

例：「自動車整備士として独立開業している人が、車のメンテナンスをする様子を実況中継する」「イラストレーターが似顔絵の描き方を実況しながら、わかりやすく伝授する」など。

▼②独力でオリジナルな方法を見つけたり、極めたりした人が、それを解説する

例：「自分のスッピンの素顔に実際に化粧をしながら、流行のメイク法をアドバイスする」など。

▼③最先端の学説や仮説、俗説などを、実際に学んで（検証して）、その結果を伝える

例：「自身の実験を元に、仮想通貨の賢い選び方を伝授する」「株や為替など金融商品を実際に購入して、儲けを出せるのかレポートする」など。

「それについてなら、何時間でも熱く語れる」というジャンルをもつ人に、ぜひおすすめしたいのが、この「教える系」というカテゴリーです。

「自分の好きなジャンルは、ニッチなのではないか?」などと悩むことはありません。世の中は広く、さまざまな人がいます。ですから、どんなジャンルであっても、少なからぬ数のファンがつくものです。

「自分は不愛想だし、トークが特にうまいわけでもないし……」などと心配する必要もありません。特にこのカテゴリーの場合、**視聴者が求めているのは発信者の「伝え方のうまさ」ではない**からです。

発信者が伝えようとしている「内容そのもの」に大きな興味があることがほとんどです。

たとえば、ある自動車整備士さんの動画を見たことがあります。その方は特に饒舌なわけではなく、落ち着いたトーンで淡々と自動車を整備し、解説をされていました。ただ、エンジンについてのトリビアや、専門家ならではの意見がいくつも披露され、聞いているだけでなんだか賢くなった気がしたものです。

「新しいことを知って、トクした！」

そう思ってもらえれば〝勝ち〟だと言えるでしょう。

鉄板コンテンツ論③ 旅・名所系

３つ目のカテゴリーは「旅・名所系」です。

テレビの旅番組を想像してもらえば、わかりやすいでしょう。

「ＹｏｕＴｕｂｅを見ているだけで、ひととき旅気分を味わってもらうこと」を目指すカテゴリーです。具体的には、次のような内容です。

▼①国内外の有名スポットや観光名所をレポートする

例：「京都の○○○寺の参道にある甘味処で名物の団子を食べる」など。

▼②超有名な絶景・奇景映像（※注　難易度は高め）

例：「交通手段のないエリアの貴重映像」「超レアな風景映像」「絶景スポット映像」など。

旅の動画というと「なるほど、人気が出そうだ」と思われる人が多いかもしれません。ところが、実際に配信してみると、ウケないこともあるので要注意です。

たとえば、僕は紅葉の動画を配信したことがあります。「紅葉の名所の絶景をハイクオリティーな動画と編集でお届けできたのだから、必ずヒットするだろう」と思っていたのですが、結果は意外にもバズりませんでした（笑）。そこから「風景がスゴいだけでは、バズらない」という法則を学ぶことができました。

「景観」に加えて、グルメ情報やおみやげ情報など、**プラスアルファのおトク感が**

ないと多くの視聴者に満足してもらえません。言い換えると、ＹｏｕＴｕｂｅを見ている人たちの要求レベルはそれほど高いとも言えるでしょう。

また近年はドローンによる空撮の動画も増えました。「美観を競う」というフィールドでは、熾烈な競争が繰り広げられており、ここで頭一つ抜きんでるのは至難の業とも言えるでしょう。

さらに言うと、「誰も撮ったことがない風景・絶景」を求めて、未踏の地を目指したり、撮影が困難な危険地帯に足を踏み入れたりする人も少なからずいます。

その結果、悲しい事故が起こっていることも、知られています。

確かに「絶景スポット」の再生回数が急激に増えることはあります。ただし、くれぐれも無理のない範囲で挑戦してみてください。

旅の計画を立てることは楽しいことです。リサーチも抜かりなく行うことをおすすめします。リサーチといっても、一般的な旅の情報ではなく、ＹｏｕＴｕｂｅの検索窓でのリサーチが重要です。

「既に多く配信されているエリア」の動画より、「配信数の少ないエリア」のほうが良いのは言うまでもありません。

なんらかの事情で、「既に多く配信されているエリア」に出かけるときは、「グルメ」「名湯」「名城」「名園」など切り口（テーマ）をひと工夫することをおすすめします。

鉄板コンテンツ論④ 乗り物系

4つ目のカテゴリーは、「乗り物系」です。

飛行機から船、電車、自動車まで、男性を中心に根強い人気を誇ります。マニアックなファンも多いので、貴重な車体や車内の映像が撮れたときには大きくバズることがあります。

検索でひっかかりやすいよう、車体名や駅名、空港名などの固有名詞は、必ずタイトルに入れるようにしましょう。固定ファンが一定数見込めて、大きく成長していきやすいカテゴリーです。具体的には、次のような内容があります。

▼①乗り物そのものを、外からレポートする

例：「飛行機、船、ボート、電車、バス、自動車などを外からレポートする」など。

▼②乗り物に乗って、レポートする

例：「飛行機、船、ボート、電車、バス、自動車などを中からレポートする」など。

▼③乗り物にまつわる建物を利用してレポートする

例：「飛行場、乗船場、駅、車両基地などをレポートする」など。

「乗り物系」のカテゴリーには、鉄板とも言えるテーマがいくつかあります。たとえば近年の流行の1つとして「**SFC修行**」が挙げられます。これは、AN

Ａマイレージクラブの永久上級会員である「スーパーフライヤーズカード（ＳＦＣ）」を目指し、国内外への旅を繰り返すことを指します（ＪＡＬカード会員がＪＡＬ上級会員になるために旅を重ねることは「ＪＧＣ修行」と言います）。

もちろん、フライト代として少なからぬ額の実費がかかりますが、飛行機を仕事で利用する人なら、ビジネスの合間に撮影ができてしまうかもしれません。

僕は数年前、この「ＳＦＣ修行」というテーマが人気だと知り、そのブームに〝乗っかる〟形で自分も「ＡＮＡ ＳＦＣ 上級会員への道」というワードを、動画のタイトルに入れたことがあります。

その動画は、数年経った今でも確かによく見られているので、乗り物系の中でも「鉄板テーマ」を意識することは重要です。

あなたが好きな乗り物の動画は、おそらく既に存在するはずです。

リサーチしてトレンドをつかみ、それに〝乗っかる〟のか。

もしくは、レアなテーマを開拓して、先行者利益を得るのか。
どちらの路線を進むかは、あなた次第です。

鉄板コンテンツ論⑤ メシ系

5つ目のカテゴリーは、「メシ系」です。

「食べ物に興味がない人」なんて、なかなかいませんよね。ですから「メシ系」は老若男女を問わず、幅広い層に人気を誇るカテゴリーです。

「メシ系」は、大きく2つのジャンルに分かれます。

▼①自分の足で食べ歩き、自分の言葉で感想を伝える

例：「ラーメン屋、カレーライス店などテーマを決めた食べ歩きレポート」など。

▼②自分で料理をしてレポートする（実際に食べて感想を伝える）

例：「自分でそばを打って食べて、味をレポートする」など。

圧倒的に始めやすいのは、①の「食べ歩きレポート」でしょう。

お店で動画を撮影させてもらうときは、事前に店側の許可をとっておけると理想的です。

また、周囲のお客さんを映さないなどの配慮も忘れないようにしましょう。スマートな撮影のためには、開店直後など空いている時間帯を狙うのもおすすめです。

また、食べ物をおいしそうに撮るには、ほんの少しテクニックも必要です。上を目指したいときは、動画の撮影について専門書を読み、勉強するのがよいかもしれません。

とはいえ、撮影の技術が普通でも、内容次第でバズることもあるのがＹｏｕＴｕｂｅの醍醐味でもあります。

〝メニュー〟や〝お店〟の力によって、再生回数がひとりでに伸びてくれることも少なくありません。どのお店で、どのメニューを味わうのか。楽しみながら企画をしてみてください。

僕個人の体感ですが「ラーメンの食べ歩き」というテーマは、いつも不動の人気があります。その理由についてとことん突き詰めて考えると、ウケる動画のエッセンスが解明できるかもしれません。

鉄板コンテンツ論⑥ 動物&赤ちゃん系

6つ目のカテゴリーは、「動物&赤ちゃん系」です。

このカテゴリーの動画は、世界的にバズる可能性を秘めているのですが、「近くにいないと撮れない」という難しさがつきまといます。

もし、動物や赤ちゃんを気軽に撮れる環境にあるのなら、ぜひチャレンジしてみてください（赤ちゃんがご自身のお子さんでない場合、動画として公開することについての許諾を保護者に得てから撮影しましょう）。

▼①赤ちゃんのかわいらしさや、行動の面白さ、不思議さなどを伝える

例：「寝顔」「寝顔アート」「初めての瞬間（寝返り、ハイハイ、立った瞬間）」など。

▼②動物のかわいらしさや、行動の面白さ、不思議さなどを伝える

例：「寝顔」「遊んでいる様子」「ドッキリ的な映像」「しつけの仕方」など。

なぜ、赤ちゃんや動物は多くの人の心をつかむのか。少し考えてみましょう。

そもそも「赤ちゃん」と「動物」は、古くから広告業界では「多くの人の目に留まり、好感を持たれやすいもの」としてよく知られ、CMやポスターなどの広告などでよく使われてきました。

「**美人（Beauty）、赤ちゃん（Baby）、動物（Beast）**」、つまり「**3B**」として呼

び慣わされ、重宝されてきた歴史があります。

ですから、ＹｏｕＴｕｂｅの世界でも動物や赤ちゃんの人気が不動なのは、実は当たり前のことなのです。

もちろん「美人」（Beauty）が動画に登場することも、大きな強みになります。

自信がある方は出演を検討したり、「知り合いに美人がいる」という場合は、出演をオファーしてもよいかもしれません。

ただし、赤ちゃんと同様にプライバシーに配慮をして〝身バレ〟の問題だけは気をつけてくださいね。

鉄板コンテンツ論⑦ ゲーム系

最後のカテゴリーは、「ゲーム系」です。

このカテゴリーは、かなり以前から確立された〝古典的〟なものです。その内容は、「延々とやり続けているゲームの画面を、ただ映し、プレイの内容を実況しているだけ」。ですが、お子さんも含めたゲーマー層に圧倒的な人気を誇り続けています。

ゲームに興味のある方には、うってつけのカテゴリーです。新製品が出る度に需要が高まるわけですから、これからも1つのカテゴリーとしてあり続けるでしょう。

「ゲーム系」のコンテンツは、次の3種類に大別できます。

▼①「飛びぬけてうまいゲームの技」を見せる

例：「ゲームの攻略法の紹介」「卓越した技術の実況」など。

▼②「トリッキーな技」を見せる

例：「珍しい攻略法の実況」「裏技の実況」「マイナーな技の実況」など。

▼③卓越した技術はないが、ゲームを延々実況してみせる

例：「話題作や新作のゲームの実況」など。

ゲームを最後まで攻略したいとき。昔は「ゲーム攻略本」がありましたが、時代が流れ、現代では「ＹｏｕＴｕｂｅで攻略法を知る」というのがスタンダードな流れになっています。

また、お子さんが見てくれることも多いようです（攻略目的以外にも「家にはなくて、欲しくてたまらないゲームソフトの実況動画を見る」というケースもあるようです）。

たとえば、「マインクラフトのゲーム実況を3歳くらいから見ていて、数年後に実際にゲームを始めたら一瞬で上達した」という話を知人から聞いたこともあります。

ゲーム好きな人なら、参入するしかないカテゴリーでしょう。

特に上手なゲーマーでなくても、視聴者にとっては参考になる部分が多いと聞き

ます。ですから、腕を気にしすぎることなく、安心して配信してください。

ゲーム愛好家たちの助けとなれることでしょう。

ライバルは有名ユーチューバーではない
——再生回数は気にしない

ここまで、動画の内容の決め方についてお話をしてきました。

念のため、お伝えしておきたいことがあります。それは「**再生回数を気にしすぎない**」という点です。

有名ユーチューバーを目指すことはアリだと思いますが、最初は再生回数という目先の数字にとらわれすぎないでほしいのです。

なぜなら、再生回数という結果だけを目標にしすぎると、しんどくなってしまったり、ピュアな動機が失われて義務感だけが残ってしまったりして、長続きしなくなるからです。

最も良くないのが、「有名ユーチューバーの○○さんは、始めて△年でもうあんなに人気が出ているのに、自分はまだまだ……」と比べることです。

そんな比較をしても、誰も幸せになりません。

これはビジネスに置き換えて考えてみると、よくわかります。

「自分にしか作れない製品（サービス）を、起業して広く普及させていこう」とするとき、最初から一流企業の売り上げや収支を目標にするでしょうか？

まずは地道に、週次や月次の売り上げ目標を立て、年次の事業計画を立てるはずです。

「なぜうちは一流企業にかなわないのだ!?」と悔しがってばかりいる中小企業の社長さんなんて、おそらく大勢はいないと思います。

ＹｏｕＴｕｂｅという場においても、それは同じです。

有名ユーチューバーと理不尽な比較をして、「なぜ自分の動画の再生回数は伸びないのだ」と自虐にひたる時間があるくらいなら、どんなに短くてもよいので、動画を1本アップしたほうが建設的です。

もちろん、有名ユーチューバーさんのようなポジションを将来的に目指すことについては、僕は大賛成です。

実現できる可能性はあると思いますし、たとえ夢半ばで破れたとしても多くの学びを得られると思います。

ただ、「有名ユーチューバーさんのように再生回数を稼げない」と、ＹｏｕＴｕｂｅへの動画のアップをあきらめることだけは避けてほしいと願っています。

「有名ユーチューバー」という存在は、あくまで自分の気持ちを奮い立たせたいときだけに、思い出すようにしていきましょう。

また、再生回数を手っ取り早く稼いでおいて、「くじけそうになる自分を安定させる」という道もご紹介しておきます。

それは、**「関連すると思われる動画」に「高評価」を押しに行くなど、いい意味**

で積極的に絡むことです。相手も誰が「高評価」をくれたかチェックしていることが多いので、「高評価返し」をしてもらえることでしょう。

するとメリットは「高評価」の数が増えるだけではありません。「高評価」を押してあげた相手の動画の関連動画として、自分の動画が浮上する可能性も高まります。結果的に、「足し算」ではなく「掛け算」のように、等比級数的に再生回数が増えていくことになります。

また、そこまで手間をかけなくても、再生回数を増やすための地道な道があります。

「コメントに丁寧に返信する」ということです。

有名ユーチューバーともなると、コメントに返信したり、メッセージを返したりすることは物理的に難しくなります。ファンからの一方的なメッセージが、コメント欄を埋め尽くすことになります。

ファンの人たちも、そんな人気者から「返信がくる」とは思っていないでしょう。

そんな現象を、逆手に取ればよいのです。

たとえば、ある有名ユーチューバーのＩｎｓｔａｇｒａｍをフォローして、投稿にコメントをしたとしましょう。こんなとき、「返信なんてもらえないはず」と思ってしまいますが、ユーチューバーによっては、頻繁にコメントをチェックして、返信をしている人もいます。

そうすると、胸が熱くなりますよね。

「うわ、返ってきた！　もっとファンになっちゃうよ!!」

こんなことを思うのも自然でしょう。

「こまめに必ず返信をすること」を習慣にしてみてください。

駆け出しのユーチューバーであれば、時間にもヤル気にも余裕はあるはず。好意的なコメントには、どんどん積極的に返信していきましょう。相手と同じくらいの文量、もしくは少し多めくらいの文字数で返すことができれば理想的です。

ただし、ネガティブなコメントについては絡む必要はありません。中には無差別に、いろんな動画に否定的なコメントを書くことを趣味としている人もいるからです。どのような形であれ、返信を返してしまうとトラブルへと発展しかねません。ネガティブなコメントは削除もせず、静観するのが最も効果的です。

嫌がらせに近い感想や、理不尽な要求などを逐一気にしていては、あなたの創造のエネルギーまで奪われてしまいます。好意的なコメントのみ、ありがたく〝心の養分〟にさせてもらいましょう。

「この人は丁寧にコメントを返してくれる」と知れ渡れば、ファンがファンを呼び、再生回数もひとりでに増えていきます。

「再生回数がまあまあ増えている」というレベルでいったん満足したら、これから配信する動画の内容を吟味するなど、気持ちをポジティブに立て直していきましょう。

動画には必ず「答え」を用意する

僕はユーチューバーとしてコンテンツを配信し続けるうちに、大小さまざまなテクニックを体得することができました。

やはり、机上の学問ではなく、実際に行動することで体得できることは数多くあります。

自分で気付くことができたテクニックの中でも、「ＹｏｕＴｕｂｅの本質」に近いと思われるものを1つお伝えさせてください。

それは「動画には、必ず答えがあるべき」という原則です。

ＹｏｕＴｕｂｅの本質とは、「何かを必ず教えてくれるもの」「何かを必ず与えてくれるもの」であり、問題提起だけで終わってはいけないのです。

もちろん、その動画を見終わったあとで「生きるとは、どういうことなのだろう」「本当の幸せって何だろう」などと哲学的な思索にふけることは素晴らしいことに違いありません。

ただ、動画というコンテンツの中では、なんらかのノウハウや解決策なり改善策なりが提示されていないと、視聴者はモヤモヤさせられただけで、欲求不満の状態に陥ります。

すると、「低評価」のボタンを押されることになり、配信者の評価が損なわれることになってしまいます。つまり、誰も得をしないのです。

「続きは△△をごらんください」というように、答えを他の媒体に引き継ぐような形も、当然ながら不評を買ってしまうので注意が必要です。

よくテレビCMなどで「続きはウェブで！」と「引っ張るスタイル」の広告を見かけますが、本編であるテレビCMだけでも十分面白かったり、充実した内容であったりすることがほとんどです。

ＹｏｕＴｕｂｅの動画コンテンツでは「引っ張るスタイル」というより、〝ある程度の答え〟は用意した上で、「より詳しく知りたい人はこちら！」という誘導が

適しているいと覚えておいてください。

またテクニック的なことを言うと動画のタイトルやサムネイルで、質問調や疑問形のコピーを投げかけておくことは有効です。

「バンコク両替レートが良い場所は？」
「タイ人女性の好きな○○は？」
「10分でドライバー飛距離アップ!?」
「川の巨大生物を捕獲できるか!?　テレビ番組では見れない貴重映像」

このように具体的な言葉が並んでいると、人の脳はついイメージをしてしまうようにできています。

すると、「いったい結果はどうなるの？」と気になって、動画の再生ボタンを押してしまうというわけです。

繰り返しますが、重要なのは、これらの問いに明確な答えを用意しておくことです。

せっかく視聴者の気持ちを惹きつけることができたとしても、答えがなければ「ただの〝釣り〟じゃないか！」と、視聴者の失望と怒りを買ってしまいます。


「入口に対して出口がある動画じゃないと、視聴者の満足度は高まらない」


僕はどんな動画を作る上でも、この原則を意識しています。

ただし例外はあります。

「癒しの音楽」などというタイトルでオルゴール音のメロディーが流れるような動画は、「答え」を用意しなくてもよいでしょう。

この場合、気を付けたいのは「癒し」という部分です。

「癒しの音楽」というタイトルでありながら、激しいロック音楽が流れてきたとしたら、それは「看板に偽りあり」ということになり、「低評価」を押されるリスクが高まってしまいます。タイトル１つで、信用を損なうことにもなりかねません。

動画の内容を精査することは当然ですが、信頼を積み重ねていくような言葉遣い、

コピーライティングも心がけていきましょう。

動画のタイトルは、万人の興味をそそる言葉を入れる

前にもお伝えした通り、〝バズるタイトル〟を動画に付けるのは難しいものです。ほんの少しの違いで、明暗が分かれることもあります。

「内容さえ良ければ（面白ければ）、人気が出るでしょう？」

そんな声も聞こえてきそうです。ただ爆発的なヒットを狙いたいときは、タイトルでできるだけ多くの人の興味を惹いておくことも重要です。

たとえば、タイの正月を祝って行われる水掛け祭り「ソンクラン」の動画をアップしたことがあります。

もともとは、仏像に静かに水を掛けたり、お互いの手に水を流し合ったりするという仏教の行事なのですが、今では知らない人同士も無礼講で水を掛け合う、ダイナミックなフェス（イベント）に変化しています。つまり、国際的な観光の目玉ともなっているのです。

実際、このイベントで僕は堀江貴文さんを見かけたことがあります。面識はありませんでしたが、祭りの場なので、水を思いっきり掛けさせていただきました（笑）。

それほど一部では超有名なイベントなので、「誰もが見たいはずだ」と思い、僕は何の疑いもなく「ソンクラン２０１８」というワードをタイトルに入れました。また動画の内容にもこだわりました。フェスの会場で見かけた美女達をメインに編集したのです。

「これで、動画がバズらないわけがない」

当時の僕には、そう思えてなりませんでした。

けれども残念なことに、再生回数はさほど伸びなかったのです！

それから経験を重ね、あるとき「ソンクランの美女動画がバズらなかった理由」に気付くことができました。動画のタイトルが、〝そのまま〟すぎて、広い層にまでリーチしなかったのです。

確かに「ソンクラン」というイベント名は、旅好きの人や通にとっては、間違いなく刺さるキラーワードです。ただ、一般の人にはほとんど知られていない固有名詞でしかありません。

ですから「ソンクラン」にこだわりすぎず、「タイのお祭りで美女発見!」というようなわかりやすいタイトルを入れるべきだったのです。

具体的な名称を動画に入れることは重要です。ただ、広く〝マス〟にリーチさせたいときに、マイナーすぎる名称を入れても、効果がないことがあります。

反対に「美女」というような言葉はわかりやすく、どんな人の目にも留まりやすいものです。

「マニアックすぎない言葉のほうが、より多くの人の心に刺さる」

こんな原則も、ぜひ覚えておいてください。

次のビジネスは、やりながら考える

第3章では、YouTube上で何を発信すればよいのか、具体的に見てきました。

その過程で、できれば行動しながら考えてほしいのが「次のビジネスをどうするか」という問題です。

第2章でも説明しましたが、YouTubeで稼げるのは、広告よりも人を集め、自分のビジネスに誘導することです。YouTubeを入り口として集めたファンを、いったいどこに導くのか。

つまり〝自分のビジネス〟で、何を提供して、どうやって報酬をもらうのか。

動画をアップして、反応を見て、コメントを読むうちに、**「自分が求められていること」「自分がもっとできそうなこと」「相手により喜んでもらえそうなこと」をリストアップしていきましょう**。

するとと、次に展開すべきこと、つまりキャッシュポイントが見えてきます。


「自分に提供できる商品（サービス）なんてない」

「自分は商売やビジネスのセンスに恵まれていない」

このように、最初からあきらめないでください。

次のビジネスは、動画を配信しながらゆっくりと考えていきましょう。


僕の敬愛するユーチューバーの一人に、外国在住のMさんという男性がいます。

彼は、とあるジャンルでは不動の人気を誇る売れっ子ユーチューバーなのですが、不思議なことに、次のサービスの展開に着手をしていません。

Mさんは絶大な人気があり、コアなファンも大勢ついているので、〝自分のビジネス〟をローンチすれば、たちまち売れるはずです。ただ、他にやりたい仕事があったりして忙しく、手が回っていないのです。

彼に聞いたところ、Ｉｎｓｔａｇｒａｍにまで熱いコメントが毎日多数寄せられ、「Mさんに会ってみたいです」と言ってくれるファンも多いそうです。

この状態は、まさに「ビジネスの土壌が出来上がっている」と表現できます。

実際、Mさんはこれから時間を捻出して、ＹｏｕＴｕｂｅを入り口とした〝自分のビジネス〟を構築する予定だそうです。

彼のように「**自分のビジネスは未定だけれども、とりあえず先にファンを集めておく**」というやり方も、非常に有効です。

彼はまさに「走りながら考えている」のです。

裏を返すと、ファン作りも〝自分のビジネス〟を軌道に乗せることも、一朝一夕にできることではありません。

この2つは両輪のようなものなので、長い目で気長に計画を立てて、気長に取り組んでいきましょう。

第4章

人がビジネスを加速させる

壁にぶち当たったら、「人の意見」を養分にする

ＹｏｕＴｕｂｅへの動画配信を実際に始めると、「第三者からの冷静な意見」が欲しくなることがあります。

「この動画は、果たして面白いのだろうか？」

「みんな、どんな動画を見たいと思っているのだろうか？」

「僕がつけるタイトルのセンスは、イケているのだろうか？」

このような疑問に、率直に答えてくれる人がいれば、作業効率もクオリティーもグンとアップします。

アウトプットした動画に対して、適切なフィードバックをくれるような仲間を確保することができれば、百人力。とても理想的だと言えます。

自分のパートナーや、知人、友人など、温かいアドバイスをもらえる関係性を築いておきましょう。

「作品を作る」「情報を発信する」というクリエイティブな営みを続けていくためには、**「建設的な意見をもらって改善し、質を上げて達成感を得て、また次の作品につなげていく」というポジティブなループ**がどうしても必要です。

もちろん「人の意見を聞かなくても、創作意欲がどんどん湧いてくる」「ファンから書き込まれる数多くの好意的なコメントを見ているだけで、モチベーションを持続できている」という幸福な人もいるかもしれません。

そのような人は、ぜひそのままの熱さで、突き進んでほしいと思います。

ただ、どんな人でも無気力になったり、飽きてしまったり、突然スランプに陥ることは起こりえます。

そんなときは、ぜひ「一人」という状況から脱して、信頼できる第三者とコミュニケーションをとって、その意見を〝養分〟として取り入れてください。

かく言う僕も、身近な知人に動画を見てもらい「正直、どう思う?」などと意見をもらうことがよくあります。

「ユーチューバーが周囲に意見を聞く」というのは恥ずかしいことでは全くありま

せん。

「仲間」と「ファン」を考える

また「感想」を教えてくれるというレベルを越えて、〝力〟をくれる仲間がいると大変心強いものです。

たとえば、企画のタネをくれるような仲間です。

「△△という新商品を紹介してみたら」という情報をこまめにくれたり、「□□というテーマはどう？」というアイデアを提案してくれたり。

その全てを実際に採用するかどうかは慎重に吟味する必要がありますが、情報が多すぎて困ることはありません。**どんな情報も、何らかのヒントになる**ものですから ありがたく頂戴しましょう。

〝専門スキル〟を快く提供してくれるような仲間も、素晴らしい助っ人です。動画の作品を配信するまでには、動画編集をはじめ、さまざまな技術や作業が派生します。

「○○が得意なので、機会があれば、声をかけてください」というような人が現れたら、しっかりと記憶に留めておきましょう。「自分に好意を持ってくれている人に〝仕事〟をお願いしたほうがうまくいく」、そんなケースは多いからです。

さらに言うと〝時間〟を提供してくれるような仲間も、貴重な存在です。

たとえば僕の場合「はたけさんがセミナーを開くなら、受付をお手伝いさせてもらいますよ」と申し出てくれた人が、過去に何人もいらっしゃいました。そのお気持ちが大変ありがたく、うれしかったことを今でもしっかりと覚えています。

このように、好意や気遣いを寄せてくれる人々を「ファン」と呼ぶのは、本来はおこがましいかもしれませんが……。本書では、便宜上「ファン」という言葉を使わせてもらうことにします。

気持ちのよいコミュニケーションを共有してくれる仲間。
互いを高め合う前向きなやりとりを返してくれる仲間。
自分の力を「give」し合うことができる仲間。

そんな仲間のことを僕は「ファン」と呼ばせてもらっています。

ファン論① 同じ感覚の人に〝共感〟してもらう

僕は、ユーチューバーとファンの最高の関係は、「フラットであること」ではないかと考えています。

ユーチューバーだからといってカリスマ扱いをされたり、「あの人は成功者だから」「雲の上の人だから」と特別扱いをされたり……。ファンの人たちに心理的な距離を置かれてしまっては、人として少し寂しいことだと思います。

「下から目線」も「上から目線」もない、ただ「フラットな関係」を目指し、そのために試行錯誤を重ねてきました。

たとえば、ユーチューバーとして「感想を聞きたい」と思えば、ファンに聞く。

専門外の知識が必要になったら、「詳しい人はいますか？」と、ファンに教えてもらう。

力を貸してほしくなったら、「来てくれませんか？」と、ファンに助けを求める。

それが、これからの時代に求められるユーチューバーの姿ではないかと思います。

なぜなら、ユーチューバーは、テレビに出ているような〝絶大な力を持つ芸能人〟ではないからです。

「圧倒的なカリスマオーラを放って、ファンを寄せ付けない」、そんなところをゴールにしたいとも思いません。

不得意なことは隠さなくてもいいし、わからないことは「わからないから教えてください」と謙虚に聞けばいい。そんな飾らない素の自分で、ファンの皆さんとお付き合いをしていきたいと思うのです。

だからといって、専門分野へのこだわりがないわけではありません。

たとえば僕は、「投資」という自分の専門分野については、「世界一わかりやすく、楽しくお伝えすることが自分の使命」と心得て、日々勉強を重ねています。でも、それ以外の分野では、ファンの人と同じ一人の人間です。

一緒に高め合えるような絆を結んでいければ、それ以上の幸せはありません。

そのために必要なのは、僕と同じ感覚の人に〝共感〟をしてもらうことだと今の僕はとらえています。

〝共感〟から生まれる絆は、フラットで強いものだからです。

では〝共感〟をしてもらうためにはどうすればいいか。

僕は、「代弁者」的な立ち位置でいることが、1つの答えではないかと考えます。

具体的に考えてみましょう。

僕は投資の話をするとき、「専門家」というポジションでありながら、ファンの皆さんとフラットでいることを心がけています。これは、少し難しいテクニックです。

ただ「単なる専門家」として「上から目線」で話をしても、（自分で見ていて）あまり面白くはないし、「全く共感ができない」という点に、数年前に気付いたのです。

だから、現在では次のような心境でお話しするようにしています。

「僕も以前は投資ビギナーで、必死に勉強を積み重ねてきました。努力のしんどさはよくわかります」

「失敗も数多く経験しました。だから、うまくいかないときの気持ちもよくわかります」

このような心境をベースに動画を撮るようにしたところ、ファンが増え始めたのです。

逆に言うと……。

「私にはこんなに秀でた力があります（あなた方には真似できないでしょう）」

「僕の輝かしい実績を見てください（他の人とは違います）」

このような〝自慢〟ばかりをベースとした心境では、多くのファンは付きにくいかもしれません。

「私はあなたの代弁者」という気持ちのあり方は、多くの方から共感を得やすいものです。ぜひ心に留めておいてください。

ファン論② SNS、リアルを使い分ける〝交流〟

「あなたの代弁者」という心のモードを身につけたら、あとはファンのためのアクションも起こしていきましょう。

「仲良くなりたい」「ファンを増やしたい」と漠然と考えるだけでなく、ささやかでもよいので愛情を行動で示すことが重要です。

とはいえ、「ファンに金品を贈りましょう」という話では、全くありません。これだけSNSが発達している現代なのですから、ネット上でバーチャルなアクションを起こすのが、スマートなコミュニケーションです。

親しさの度合いによって、効果的なコミュニケーションをとっていきましょう。

そもそも「ファン」には、3種類くらいのグラデーションがあると僕は定義しています。

- **「潜在的なファン（ファンになってくれそうな人）」**
- **「固定化してきたファン」**
- **「コアなファン」**

この3種類の仲間たちと、さらに強く結びつくために、SNSは大きな武器となります。もし「SNSを利用していない」という場合は、ぜひ始めることをおすすめしたいと思います。

Facebook、Twitter、Instagram。まずは可能なところから、いち早くアカウントを取得して、スタートさせましょう。

そして動画の最後で「Instagramをやっています」などとアカウントを載せて、SNSに誘導するのです。そしてSNSでは、あなたのよりプライベートな姿をうまく自己開示していきましょう。

「動画では真面目な解説ばかりしていた△△さんが、趣味ではサーフィンをしていたなんて」

「動画ではおちゃらけた印象の□□さんなのに、飼い犬の世話となると真剣になるのだなあ」

このように、ファンに「ギャップ萌え」を楽しんでもらい、心理的な距離をより縮めることができるからです。

さらに上級編のお話もしておきます。

SNSの「いいね」や「友達申請」「フォロー」などの機能から、ファンが見てくれたことがわかったら。

いい意味で積極的に、〝絡んで〟いきましょう。

「いいね」をもらったら、「いいね」をお返しする。

「メッセージ」を着信したら、（できるだけ同程度の熱量と文量で）早めに返信する。

投稿にコメントをもらったら、丁寧に対応する。

そんな人として当たり前のことを、最初はコツコツ実践していきましょう。

もし、SNS上で何万ものフォロワーさんがつくようになってしまったら、忙しすぎて、右のような行動は物理的に不可能になるかもしれません。

ただ、そうではないなら、今のうち密なコミュニケーションをしておきましょう。

誠実な行動を続けるうちに、「潜在的なファン」が「コアなファン」へと変化し

てくれるはずです。

また、リアルの場でファンと会う機会を作り出すことも有効です。

たとえば、「(ビジネス目的の)飲み会・食事会・お茶会などに来てほしい」「セミナー・サロン・講座などに参加してほしい」という場合や「自分のお店に来てほしい」「発表会や展示会に来てほしい」というケースもあるでしょう。

そんな機会に備えてSNS上で楽しいコミュニケーションを重ねておくことは重要です。

SNS上で、相手に「いい人」認定をされていれば、「リアルな場でも会いたい!」と思ってもらうことができます。

このように、ファンとのコミュニケーションは「SNS」と「リアル」という二重構造で考えるようにしていきましょう。

ファン論③〝えこひいき〟は、ファン全体を幸せにする

「何かの夢を成し遂げたいとき。まず100人のコアなファンを作るべし」

こんなマーケティング理論を聞いたことがあります。

「コアなファン」とは、「自分のためにお金を出してくれるファン」とも言い換えられます。

この話をすると、たいてい次のような反応をいただきます。

「自分のために、わざわざ身銭を切ってくれる人を100人も作るなんて、絶対ムリ！」

ですが、「100人」というのは、そう難しい話ではありません。

確かに「今日1日で100人」と言われるとひるんでしまいますが、SNS上のつながりを活かし、信頼関係を深めて絆を強固にしていけば、「数か月で100人のコアなファンを作ること」は可能です。

考え方としては「潜在的なファン」や「固定化してきたファン」に、「コアなファン」へと進化してもらえるよう尽力するのが近道です。

その方策として「えこひいきをする」というやり方があります。**現在「コアなファン」でいる人を、他のファンの前で、公にえこひいきする**のです。

すると、他のファンの心に「私もえこひいきをしてほしい」という願望が生まれ、より濃密なコミュニケーションを働きかけてくれるようになります。

ほんの一例ですが、その具体的な方法について紹介しておきましょう。

僕は「YouTube Live」というＹｏｕＴｕｂｅの生放送をよく配信しています。

この生放送では、視聴者がコメントをリアルタイムで書き込むことができるようになっています。そのコメントは公開制なので、配信者を含め誰でも見ることができます。

たとえばコアなファンであるＡさんが、感想や応援などをコメントしてくれたとします。

コメントがあると、僕も手ごたえがあってうれしいですし、ライブ全体も盛り上がります。そこですかさずAさんへのメッセージを、ライブ中に伝えるのです。

「Aさん、いつも温かいコメントをありがとうございます。本当に励みにさせてもらっています。Aさんは、□□□はお好きですか？　趣味は何ですか？」

つまり、Aさんへの感謝の気持ちを言葉にするだけでなく、「僕はAさん自身に興味がありますよ」とアピールをするのです。

その親密なコミュニケーションを見ているファンは、自然と「自分だって、はたけさんに特別扱いをされたい！」という気持ちになるというわけです。


この手法は、セミナーを開催するときなどにも有効です。

Bさんという常連さんがいたら、講義の途中で「いつも来てくれるBさんですよね？　ありがとうございます」とあえて話しかけたり、感想を聞いたり、「どうぞ一番前に座ってくださいよ」と促したりする。

つまり、他のファンの前で手厚く〝サービス〟することで、他のファンにも「私も」という競争心のようなものが生まれ、より積極的にコミットしてくれるようになる……。

そんな相乗効果が期待できます。

このような手法を用いれば「潜在的なファン」は、いつしか「コアなファン」へと変化してくれます。

一般社会では「えこひいき」という行為が、プラスの文脈で語られることは少ないかもしれません。

けれども、**既存のファンとより仲良くなって、一層幸せになってもらうために。ファン全体で楽しい時間を共有していくために。「えこひいき」という選択が正解**であることも多いのです。

アンチは無視一択

SNSを含め、ネット上で発信を始めたとき、必ずといっていいほどつきまとうのが〝アンチ〟です。

世の中にはさまざまな人がいるものです。悪気なく書いた一文にあれこれ難癖を付けたり、曲解をして揚げ足を取るような人も、残念ながら存在します。

つまり、あなたに全く非がなくても、批判されたり、悪口を広められたり、攻撃されたりしてしまうことがあります。それがネットという空間の宿命なのです。

ですから、わけのわからないコメントや、言いがかりのようなメッセージなどは、基本的に「スルーする」という姿勢を貫きましょう。

たとえば「バカ」「死ね」などという理不尽な書き込みがあったときは、とりあえず静観することをおすすめします。間違っても「バカという奴がバカ」「お前が死ね」などと、口汚い言葉を返さないようにしましょう。

それでは、相手の思うツボです。

相手は、あなたを不快にさせたり、怒らせたり、とにかくネガティブな感情を味合わせたいだけなのです。そんな書き込みに対して「なぜ私がこんな仕打ちを受けなければいけないのだろう」と悩んだり、「これからも嫌なコメントがくるのだろうか」などとクヨクヨしたりするのは愚の骨頂、時間の浪費にほかなりません。

また、「何とかしなければ」と焦るあまり、アンチのコメントを削除してしまうというのも、望ましくはありません。「俺のコメントだけ消されてしまった！」と相手が騒ぐ可能性があるからです。

どんなアンチも、あなたがスルーをする期間が長くなればなるほど、おとなしくなっていきます。またどんなに過激なコメントが相次いで書き込まれたとしても、時間とともに沈静化していきます。

相手の挑発には乗らず、スルーする姿勢をおすすめします。

アンチコメントが、たとえ何年も残っていたとしても、あなたの築いてきたキャリアや評判が、損なわれるわけではありません。

あなたとつながっている大多数の人は、誠実なあなたの味方であり続けるはずです。「人気が出ると、変なアンチも寄ってくるから大変だなあ」と、同情が集まり、ファンとの結束がより強まることもあります。

ネット上でのアンチからの理不尽な〝攻撃〟は、上手にかわしていきましょう（もちろん、あなたに非があったり、ＳＮＳ上で不適切な発信をしていたことに気付いたら、潔く謝罪しましょう）。


一方、リアルな場で批判をされたり、クレームをぶつけられたりしたときは、その声に最大限耳を傾け、相手の言い分を「まず聞く」ことです。

しっかりと話を聞いているうちに、相手のたかぶった感情が沈静化することがほとんどです。時間の経過とともに相手が自分自身の間違いや思い込みに気付くこともあります。

アンチ的な方と接するときは、ネット上でもリアルの世界でも、少なからぬエネルギーを消耗します。あなたが疲弊してしまわぬよう、まずは心を守ることを第一優先で考えていきましょう。

また逆説的な話ですが、アンチと時々接することで、既存のファンのありがたさを痛感できるようになります。その点については、アンチにも感謝をしたいところです。

困っているときは遠慮なくヘルプを求めよう

ユーチューバーとして活躍を始めて「忙しい」と感じるようになったり、「よりよくするために時間をかけたい」と思うようになったりしたとき、「人の手を借りる」という考え方は有効です。

特に、チャンネル登録数が稼げるようになってきたり、ＹｏｕＴｕｂｅを入り口としたビジネスが軌道に乗り始めて利益が出てきたりしたときは、「事業拡大」の時期だと前向きにとらえ、さらなる施策を考えることをおすすめします。

なぜなら、それは千載一遇の大チャンスだからです。

これは、他の企業活動について当てはめてイメージしてみるとよくわかります。

どんな会社でも、ヒット商品が出て、売り上げが伸びて、収益がアップしたとき。二番手となりそうな類似の商品を出したり、違うジャンルの新商品の開発に着手したり、「事業拡大」の方向へと進むことがほとんどです。

また、その一環として〝人の採用〟を進めることも多いものです。事業を成長させるとき、マンパワーはどうしても必要になります。

ユーチューバーだって同じことです。

たとえば「自分のチャンネル独自のロゴをイラストで作りたい」と思ったら、好きなクリエイターにお金を払って作ってもらう。

「テロップを入れる作業が増えてきたから、外注したい」と感じたら、作業が速いプロに頼む。

「効果音を入れたらもっと面白くなりそうなのに……、自分にはできない！」と悟ったら、専門家に発注する。

そんな流れになっていくことを、僕はとても素晴らしいことだと捉えています。

「ユーチューバーたるもの、全工程の作業を自分一人でこなさなければならない」、なんてことはありません。

売れっ子の超人気ユーチューバーは、さまざまな分野のプロたちがチームを組み、バックアップしていることが多いものです。

また、ＹｏｕＴｕｂｅを入り口とした〝自分のビジネス〟の場でも同様のことが言えます。

セミナーや講演会などを開くとき、あなた一人で運営を行うのは難しい部分もあるでしょう。

たとえば、どれだけ素晴らしい内容の講義や講演をできたとしても、受付の対応がうまくできなかったり、会場の椅子の並べ方が乱雑であったり、音響設備の調子が悪くて途中から突然マイクが使えなくなったり……。

環境面で不備があれば、ファンの熱を下げてしまうことにつながりかねません。

仲間にヘルプを求めていれば、そんなトラブルとも無縁ですし、ファンの満足度をアップすることができるでしょう。

つまり、会場に仲間がいるだけであなた自身をあらゆる意味で「守ってもらう」ことができます。

何かアクシデントが起こる前に、周囲に早めにヘルプを求めるクセをつけておきましょう。

「ヘルプを求めること」は、恥ずかしいことでは決してありません。
あなたの既存のファンに、より喜んでもらえる確率が高まります。
そして、あなたのファンを新しく増やしていくことにも直結します。

第5章

YouTubeがお金を生み出す

お金とはより良い人生を送るための〝手段〟

最終章では、「お金」に対する心の在り方について、見直していきましょう。というのも、「お金」を稼ぎたい場合、「お金」に対してどのような感情をもっているかが、非常に重要であるからです。

実は、多くの日本人が「お金」に対して、心の中で良い感情を抱いていません。特に「稼ぐ」ということについてはネガティブな感情を抱いていることがほとんどなのです。

また「稼ぐ」という言葉には「ラクに儲ける」というイメージも強いようです。ネット上では、「嫌儲」（けんもう、けんちょ、いやもう）という言葉をよく見かけます。一部の人は、「儲ける」という営みに対して心情的な反発がある、ということがよくわかります。

言わせてもらうと、そのようなマインドでいる限り、他人を傷つけることはあっても、お金を稼ぐことからは、無縁であり続けるでしょう。

なぜなら「稼ぐこと」「儲けること」を毛嫌いしている限り、その人の元にお金がやってくるわけはないからです。

ごく基本的なことですが、「悪いことをしなくてもお金は稼げる」というマインドセットを行ってください。

「**良いことをするから、お金が稼げる**」という価値観の転換をしてください。

このようなお話をすると、必ずといっていいほど次のような反論をいただきます。

「お金が全てじゃないでしょう？　人生には、他に大切なことがたくさんあるはず。他人への優しさとか、真面目に働くこととか……」

もちろん、その通りです。僕だって、「お金が全て」だとは思っていません。けれども「お金があること」で、人生の選択肢が格段に増えたり、嫌なことから解放されたり、不快な時間が減って快適な時間が増えたり、うんと生きやすくなるのです。

つまり、**「お金」とはより良い人生を送るための〝手段〟**です。お金があることで自由になったり、選択できる道が増えたりするのは、誰もが認める事実でしょう。

たとえば「お金持ちだけれども、やりたいこともなくて、友人にも恵まれず、寂しい人もいる」などといって、お金の大切さを否定しようとする人は、ただの屁理屈を並べているにすぎません。

世の中を見渡すと、「寂しいお金持ち」よりも「お金がなくて生活に困っていたり、心がギスギスしていたりする人」のほうが圧倒的に多いはずです。

そもそも「お金持ちの人」の悪口を言ったり、貶めたくなったりする点に、精神の貧しさがあるのではないでしょうか。「誰かを攻撃したくなる」という精神状態でいることが幸せだとは、とても思えません。

実際、僕は多くの富裕層の人たちとご縁を得て、交流をさせてもらっています。

彼らに共通しているのは「周囲の人たちに分け隔てなく優しい（目下の人に対し

ても丁寧に接する）」「行動がスマート」「心に余裕があり、ユーモアやウィットに富んでいる」という点です。

当たり前の話かもしれませんが、**自分自身を大切にして心を満たしている人ほど、他人にも優しくできる**のです。

自分自身が、金銭的にも時間的にも常にいっぱいいっぱいでいるとき、周囲に優しくするのは、なかなか難しいことではないでしょうか。

あなたがそこそこしか稼げていない理由

なぜ、あなたはそこそこしか稼げていないのか。

その理由について考えてみましょう。

そもそも多くの日本人には「稼ぐこと＝悪」という強い思い込みがあるように感じられてなりません。それは僕たち以前の親世代、祖父母世代から顕著な傾向です。

「稼いでいる」「儲けている」と聞くと「陰で悪いことをしているのだろう」「人様に言えない稼業についているのだろう」と反射的に感じてしまう。そんな〝偏見〟があるように思われます。

なぜ、そのような偏見が強いのかというと、「お金」にまつわる教育が未発展だからでしょう。

「お金」とはどのような性質のものなのか。

どうすれば「お金」と仲良くなれるのか。

そのような視点の教育が欠落しているため、「本当はお金が欲しいのに、稼げなくて、やがて憎むようになる」。そんな〝謎のスパイラル〟に多くの人が陥っているのです。

さらに言うと「お金」を増やす手段である「投資」への偏見も、まだまだ根強いものがあります。

この高度にグローバル化された現代社会において、**「投資」へのリテラシーが低いということは、大きな痛手**だと言えるでしょう。

世界的な視点で見ると、どのような先進国でも「投資」についての理解は日本よりも数歩先を行っています。また、若いときから投資に実際に取り組むことも、知識階級では常識となっています。

元来「投資」とは本来、頑張っている「会社」が発展していくために、資金を投入することを指します。ですから大きな社会的意義があります。

そのような事実を学びもせず、ましてや投資を通じての社会貢献もせず、「稼いでいる人」を批判していても、誰も幸せにはなりません。

僕はこのような「お金」に対するマインドの教育にも、いつか携わりたいと願っています。

非常に残念な話ですが〝お金に対するリテラシーの低い人〟が、あまりに多いと痛感されてなりません。

なぜ、日本では〝お金に対するリテラシーの低い人〟が多いのかというと、教育のカリキュラムに全く含まれていないこと、そして「皆がそこそこ裕福であること」が挙げられるでしょう。


一般論になりますが、**生まれ育った環境が裕福であればあるほど、ハングリー精神を養いにくくなります**。

これは、少しイメージをしてもらえれば、納得していただける事実でしょう。

「自分の力で稼ぐこと」に夢中になれないという人は、裏をかえせば「裕福な環境で育つことができたから」と言えるかもしれません。

ただ、裕福な環境のままで一生を終えることができれば幸せでしょうが、人生は何が起こるかわかりません。

「先祖代々から伝わる莫大な資産を受け継ぐことができた」というようなラッキーな人をのぞき、多くの場合は「自分の力で稼いでいく力」を身につけたほうが、より幸せになれるのではないでしょうか。

残念なことに、今の日本では次のような考え方が広く浸透しています。

「普通に学校を卒業して、就職にさえこぎつければ、あとは一生なんとかなる」

このような楽観的な思想は、一面の真理ではあります。僕だって若いときはそう信じて、サラリーマンとして人生を歩んできました。

でも、これからの日本はどうなるかわかりません。

まず、自分自身の所属している会社の業績が悪化して、給料が減らされたり、退職金が出なくなったり、外資系の企業に買収されたり、最悪の場合は倒産する可能性だってゼロではないからです。

「大学を出て、会社に就職すれば人生なんとかなる」という考え方とは、きっぱり縁を切りましょう。

実際、会社員として勤め先に在籍し続けるという姿勢は賢明です。

ただ、「**会社で働いているだけでは、そこそこしか稼げない**」という事実をしっかりと見据えてください。

また、既に事業を始めている人で、「思うように業績を上げられていない」という人もいることでしょう。

そのような人は、自分の仕事のやり方についてぜひ再考してみましょう。

既存のフィールドで活躍できていない場合、「自分自身のカラーを前面に打ち出した動画をＹｏｕＴｕｂｅに配信し、本業のビジネスを補強する」という道も、僕は推奨しています。

いずれにせよ「**お金は自分の力で稼ぐもの**」という真理に気付いた人から、お金を稼ぐ体質へと変わっていくことができます。

「稼ぐ」とは、誰かを喜ばせること

では、お金を自分のところに呼び込むためには、どうすればよいのでしょうか。

「**お金を稼ぐ**」**とは、**「**人を喜ばせたことに対する報酬である**」と、マインドセットしてみましょう。

「自分が頭や体を使って働けば、誰かの役に立つことができる。社会が少し、良い方向へと動く。その結果、正当な対価としてお金がやってきてくれる」

このような循環を頭に思い浮かべてみてください。


実際に、会社員でずっと働いてきた人なら、このようなサイクルはイメージしやすいでしょう。

たとえば「自分が営業や接客をしてお客様に商品をすすめ、お買い上げいただいた結果、お客様の暮らしの質が、少し良くなった」という流れは、今までもあったはずです。

このような〝経済活動〟に、企業という組織の一員として携わってきた人は、組織を離れたところで「自分一人の力で、ＹｏｕＴｕｂｅの力を借りながら経済活動のサイクルを回すこと」を目指せばよいのです。

組織という後ろ盾の全くないところで「自分一人で経済活動を回す」というと、難しいように聞こえるかもしれません。ただ、自分の裁量で、自由に物事を決定し、挑戦することができるのだと思うと「時間的にもエネルギー的にも効率が良い」と思えませんか?

周囲の人間関係や、組織内の力関係などに一切気兼ねせず、ただ純粋に「見てくれている人」のことだけを考えて、ユーチューバーとしての努力や工夫を重ねていけばよいのです。

その対価として、お金を得ることができるのであれば、どれだけ素晴らしいことでしょうか。

このように、**「お金」とは「自分で生み出していくもの」「自分で勝ち取っていくもの」**というマインドセットをしてみてください。

会社に勤めていると、毎月自動的に給与が振り込まれるため、どうしても「生み出す」「勝ち取る」という感覚にはなりにくいものです。

会社員の場合、良くも悪くも、給与は固定されています。

つまり、本気で働いていなくても（サボっていても）、睡眠時間を削って一生懸命に働いていても、給料に大きな影響はありません。組織内での評価が下がったり、上がったりするということはあるでしょうが、だからといって「給料が突然半分になったり、2倍になったり」ということは多くの企業ではありえません。

そんな事情も手伝って、会社員の場合は、どうしても「自分の力で稼ぐ」という強い意欲が湧きにくいとも言えます。

お恥ずかしい話ですが、僕自身もつい数年前までそうでした。

「決められた値を超えればインセンティブ（営業の日標を達成させるために、会社が用意している報酬）がもらえる」という給与体系の会社にいたときは、確かにがむしゃらに頑張った記憶があります。でも「自分でゼロからお金を生み出していく」というような気概をもつには、至りませんでした。

やはり、そこは創業者でも経営者でもなく、「会社という組織に守られたサラリーマン」だったと、今にして思います。

ただ、ユーチューバーとなり、自ら会社を経営するようになると、「稼ぐ」ことについての認識はガラリと変わりました。

お金を稼ぐのは超簡単

稼ぐには、自ら考えて、動くことが必要です。

自分がアクションを起こさない限り、お金は動いてはくれません。

ただし、自分が動くと、稼げる範囲は無限に広がります。稼げるお金の量に制限はありません。

僕にとって「お金」とは、このような伸縮自在のイメージです。

また、禅問答のようになりますが……。

「お金を稼ぐ」とは、簡単なことではありません。

でも、発想の転換次第では、超簡単であるとも言えます。


あなたが労働で生み出したアウトプットに、「アイデアが効いているかどうか」「気遣いや優しさが具現化されているか」「面白さがあるかどうか」という問題です。

「働くこと」を「忍耐」や「思考停止」だと勘違いしている人が多すぎます。

考えもなく闇雲に体を動かして疲弊したり、意味のないところで汗水を垂らしたり、気持ちをすり減らしたりする「働き方」なんて、もうやめましょう。

それがあなたの「働き方改革」になるはずです。


ではいったいどうすればYouTubeをマネタイズに結び付けられるのでしょうか。

まず、**固定観念から解き放たれましょう**。

「ユーチューバーで稼ぐといえば、YouTubeからの広告収入しかない」

これも、立派な固定観念です。

たとえば、あなたの動画にファンがついたら、ファンを募って「オフ会やります」「飲み会やります」というシンプルな企画だって、キャッシュポイント（収益を生む機会）にすることができます。

飲食店に実費として支払う代金を〝割り勘〟にして、そこにほんの少し「気持ち」を上乗せして、「会費」とすればよいのです。

さらに、その会を単なるコミュニケーションの場で終わらせず、主催者のあなたが参加者の皆さんからのニーズを吸収する〝リサーチの場〟とさせてもらえばよいのです。「自分はどんなサービスを展開させていけばよいのか」「ユーチューバーとして、どのような方向に進んでいけばよいのか」、大きなヒントがいくつも得られることでしょう。

僕はこのような考え方を、ユーチューバーの世界へと引っ張ってくれた上司たちから学びました。

告白すると、それまでの自分は会社員だったこともあってか「キャッシュポイント」の作り方など想像したこともありませんでした。

なぜなら、組織にいる限り、「前例通り」「上司の指示通り」に動いていれば、仕事が滞りなく回っていくからです。


たとえば以前、僕はベンチャーのＩＴ企業に在籍し、キュレーションサイトの立ち上げと運営に携わっていました。

当時の流行は「キュレーションサイト」にユーザーを集めて、アフィリエイトで稼ぐというビジネスの形でした。ですから、僕も「このスタイルしかないだろう」と思い込み、踏襲していました。

自分たちのキュレーションサイトに、アフィリエイトが成約するような記事を、ひたすらアップし続けていたのです。

けれども、今になって考えると、「キュレーションサイト」を軸にしたキャッシュポイントなんて、いくらでも思い付くことができます。

人が集まってきてくれるサイトが１つあれば、ユーザーにお金を出してもらって楽しんでもらうような仕組みなんて、本当は数多く作れるはずなのです。

でも、当時の僕の頭には「アフィリエイト」というスタイル以外にまで、考えをめぐらすことができませんでした。今思えば、惜しい話です。

このように会社に勤めていると、取引先やお客様から得たお金が、勤め先の組織に入るようなシステムが、あらかじめ完成しています。

自分はそのシステムの中で、まるでコマのように、動いているだけでよかったのです。

「業界の中に、新しい風を吹かせよう」という大志も、「誰もやっていないビジネスを開拓してやろう」「独自のキャッシュポイントを開発してやろう」というような気概も、必要ありませんでした。檻の中の回し車でひたすら遊んでいるハムスターのように、目先のことだけに取り組んでいればOKだったのです。

もちろん、その〝システム〟を考え、構築してくれたのは〝勤め先〟です。

だから、取引先から入るお金は、僕ではなく、直接〝勤め先〟に入るというわけです。それは当然のことですよね。

当時はそんなシステムについて、深く考えることはありませんでした。

ただ今になってみると、そのシステムは僕にとって、メリットの少ないものであったとよくわかります。

お金を大きく稼ごうとしたら、お金が入ってくるシステムは自分で作る。そして自らが〝胴元〟〝親〟となって、稼いでいくのが最も効率が良いのです。

キャッシュポイントは訓練次第でいくらでも見つかる

キャッシュポイントに気付けなかったり、キャッシュポイントを作れなかったりして、「稼げない人」がいます。

そんな人は、「今まで訓練する機会がなかっただけ」ととらえてください。そして、決してあきらめないでください。

本当は、どんな人でも、自分の培ってきた経験や独自の魅力を活かしてキャッシュポイントに気付き、ゼロから稼ぎ出すことができます。

気付いたときから、「稼ぐ」ことへの感覚を磨き、お金に愛される方向へとマインドをセットしていきましょう。

多くの人はお金を稼ぐことについて、マインドセットもしていないし、訓練を積んでもいません。

ですから、他の専門知識や世渡りの方法、処世術に長けてはいても、望み通りのお金を得ることができないでいるのです。

大げさに聞こえるかもしれませんが、お金を自分の力で稼ぐことについては「子どもと同じレベル」と言っても良いくらいなのです。

たとえば、僕は知人の息子である7歳の小学生F君と話をさせてもらったことがあります。

そのときの会話を、許可を得て一部ご紹介させてもらいます。
多くの大人たちの「稼ぐ」ことへの〝執着〟や〝技術〟は、実はこのF君と同じレベルではないか、と僕には思えて仕方がないのです。

畠中 F君は、将来どんな仕事をしたいの？
F君 そうだなぁ、うーん、お寿司屋さん！
畠中 へえ、お寿司屋さんって儲かるの？
F君 わからない！
畠中 もしお寿司屋さんを開いて儲けたいのだったら、たくさんのお客さんに来てもらわないといけないよね。お客さんをいっぱい呼び込むには、どうすればいいだろうね？
F君 えーっと、安くしてあげる！　そうしたら、みんな喜んで来てくれるから！
畠中 でも、安くするとF君のお店は儲からなくなっちゃうよ。
F君 なんで、お寿司を安くしたら、僕が儲からなくなるの？

畠中　だって、F君はお寿司を作る前に、たくさんのお金をいろんなところに払っているでしょう？

F君　え、どういうこと？　ちょっと何言ってるのか、僕よくわからない……。

畠中　わかりやすく言うよ。大家さんに家賃を払ったり、電気代や水道代やガス代を払ったり、働いてもらうスタッフさんにお給料を支払ったり。そして、お寿司を作るためにお米を買ったり、魚を買ったりするわけでしょう？

F君　そうなの？　僕、そんなことまで知らなかった。

畠中　じゃあ、ちょうど勉強になるじゃん。つまりね、お客さんからもらうお金がどんどん減っちゃったら、「お寿司をお客さんに出すまでにかかるお金」を、F君が払えなくなるかもしれないよ。

F君　それはやばい。

畠中　やばいよね。じゃあ、どうすれば、お寿司屋さんで儲けることができるだろうね？

F君　それ、謎だよ。

畠中　じゃあ具体的に考えてみよう。マグロの握り寿司、1貫いくらにすればいいだろう？

F君　やっぱり100円とかじゃない？

畠中　それで、儲かる？　安くない？

F君　あ、安すぎて、僕がお金を払えなくなって困るかも。マグロって、買ってきたら高いよね……。

さて、大人のあなたは、「寿司屋で儲ける」方法をどのように考えますか？
自分の才覚でお金持ちになった人は、このような問いについて突き詰めて考え、解決策を見出し、実際に具現化した人たちだと言えます。
ぜひ、この問いについて考えてみてください。

稼ぎやすいのは少数精鋭・高単価

この答えは、小さなお子さんだけではなく、大人にも応用できるので、詳しく解説してみます。

稼ぐことを考えた場合、価格を設定することは非常に難しいですが、重要です。原則として「**単価を下げすぎないこと**」を肝に銘じてください。

単価を下げれば下げるほど、お客さんは喜び、潜在的なお客さんたちの気を惹くことはできるかもしれませんが、「低価格」という〝強み〟でしか争えなくなってしまいます。そして、**競合店との価格争いの渦に巻き込まれていく**ことになります。

また「低価格」が好きなお客さんたちが、お店に押し寄せることになります。その人たちは、店に対して「とびきりのおいしさ」「一流のサービス」「店の良い雰囲気」などよりも、まず「安さ」を求めている人たちです。

あなたは、そのような人たちに対して「いいお寿司を出そう」というモチベーションを何年間保ち続けることができるでしょうか？

それよりも、「寿司1貫の単価をどうすればアップさせることができるか」という方向に努力をするようマインドセットしてみてください。そのためには、〝逆算〟の手法が有効です。

たとえば最初に「寿司1貫500円」、もしくは「寿司1貫1000円」と決めてしまう。そして、「どうすればこの価格でもお客さんが店に途切れず来てくれるか」「どうすれば高すぎるというクレームを受けなくてすむか」を考えるのです。少し考えただけでもいくつか方法が思い浮かぶでしょう。

- **最高級の魚を仕入れる**
- **スタッフに接客の研修を受けてもらってサービスを向上させ、他店と差別化する**
- **外装、内装などをレベルアップさせる**
- **メディアに取り上げてもらい、ブランドイメージを構築する**

・著名人やインフルエンサーに来てもらい、評判を拡散してもらう

もちろん、これらにはお金や手間暇がかかるかもしれません。けれども、「1貫100円」の安売りの世界に飛び込んだとしても、資金繰りの苦労はつきまといます。

それなら、志を高く保ち、「単価を高めていく」というレベルの高いところで努力を重ねるほうが、あとで大きな結果を出せるので、苦労をする甲斐もあるというものです。

なぜ、このような「寿司屋」というＹｏｕＴｕｂｅと一見関係のない商売についてお話をしたかというと、ＹｏｕＴｕｂｅを入り口とした〝自分のビジネス〟で稼いでいこうとするとき、**「単価を高めに設定すること」は非常に大事なこと**だからです。

具体的な数値で考えてみましょう。

たとえば月に10万円、〝自分のビジネス〟で売り上げを立てようとしたとき。

「10人に1万円の商品（サービス）を買ってもらう」か、「1人に10万円の商品を買ってもらう」か、どちらが簡単かというと、圧倒的に後者になります。

「単価10万円の商品なんて作り出せないよ」と驚く方が多いかもしれません。

ですが、それはあなたの単なる思い込みです。

「自分には10万円の商品なんて作り出せない」と反射的に感じてしまう気持ちの奥底には、「自分にはそんなに稼げない」という心理的なリミッター（制限）がかかっています。まずは、そのリミッターを外すことから始めましょう。


あなたが既に持っている才能や技術、体験などは、ほんの少しブラッシュアップをすれば「10万円」以上の価値に必ずなります。


それに、よく考えてみてください。

「10人に1万円の商品を買ってもらう」場合、10人のケアやアフターフォローをする必要があります。

問い合わせなどに応じるだけではありません。そのお客様とSNS上でもしつながっていたとしたら、日常的にコミュニケーションをとる必要も出てきます。

10人のお客様のケアというのは、かなり大変なことです。

それよりも1人のお客様に特化して、あなたの心を注いだほうが、気持ちの良い万全な対応ができるのではないでしょうか。

広く浅く「薄利多売」タイプのビジネスモデルではなく、**あなたの良さを高く評価してくれる〝少数精鋭〟のお客様に、高単価の商品を提供していく**。そのような道を選ぶことをおすすめします。

あなたの年収は、おいくらですか

ここで、現在のあなたの年収について考えてみてください。

あなたは、自分の年収の額をすぐに思い出すことができますか？

実は「お金をもっと稼ぎたい」と言いながら、現状の自分の数字について全く記憶をしていない人が意外と多いのです。

「本業での年収以外にいくら稼ぎたいのか」という数字についてもイメージできていない人は珍しくありません。

自己啓発書などでよく説かれていることですが、思考は現実化します。

さらに言うと、できるだけ精緻なビジョンを描いていたほうが、現実化する速度は早まります。

現在の本業の〝年収〟について、また「ＹｏｕＴｕｂｅでいくら稼ぎたいのか」という〝希望収入額〟についても具体的な数字で、折に触れて意識するようにしましょう。

ちなみに、国税庁が公表した「平成29年分民間給与実態統計調査結果」によると、民間企業に勤務している給与所得者の、１人当たりの平均給与は次のようになっています。いずれも平均年齢は44歳～46歳。平均勤続年数は９～13年です。

・2015年…男性520万5千円／女性276万円（男女平均420万4千円）
・2016年…男性521万1千円／女性279万7千円（男女平均421万6千円）
・2017年…男性531万5千円／女性287万円（男女平均432万2千円）

つまり、日本人の給与所得者は、年収400万円が平均的な姿であるということになります。あなたはこの現実をどう捉えますか？

ちなみに僕は、ユーチューバーとしてブレイクした年に、代表取締役となり、会社を立ち上げました。

そのとき、資金を出してくれた恩人、Yさんという人がいます。以前に勤めていた会社の営業先の経営者でとてもお世話になっていました。Yさん曰く、僕はつまんなさそうなヤツ（後日談ですが……）だったそうです。

でも、縁とは不思議なもので、そんな経営者のYさんが、僕のYouTubeを観て、取り組みや個性を評価してくれて、経営面も含めて助けてくれました。

そんなこんなで、起業1年目、つまり1期目の売り上げは1年目で約3億円でした。2期目はさらにそれを上回りそうです。

もちろん「売り上げ」と「収益」は違います。さらに言うと僕個人の手取り（役員報酬）も異なります。

よく誤解をされるのですが、「3億円」がそのまま僕の〝収入〟となるわけではありません。ただ、現在の僕自身の手取りの金額は、日本人の平均よりは上です。


1つ前の項目で、お金を「稼ぐ」とは、「人を喜ばせたことに対する報酬である」という事実をお伝えしました。

僕の手取りの金額は、「多くの人に喜んでもらった結果」です。

そのように見方を変えると、僕の手取りの額はまだまだ少ないとも感じます。

もっともっと多くの人に、たくさん喜んでほしい。

そんな熱い思いが、僕の活動の原動力になっています。

また実際のところ、頭の中にとっておきのネタを眠らせています。

だからあなたも「年収を上げること」をあきらめないでほしいのです。

「会社勤めなのだから、手取りの額を自分の意思で変えられるわけがないでしょう」

こんな声も聞こえてきそうですね。確かにおっしゃる通りです。

だからこそ、ユーチューバーとなり、さらには〝自分のビジネス〟をスタートさせてほしいのです。

会社員という〝雇われる立場〟である限り、年収を効率よくアップさせるには、副業（複業）を充実させていくほか道はありません。

YouTubeを使って「お金」を稼ぐ7つの方法

ではいったい、どんな稼ぎ方がよいのか。具体的に見ていきましょう。

ここも、本書のハイライトの１つです。

今まで見てきた通り、ＹｏｕＴｕｂｅの広告料だけでは「お金」を稼ぐのは難しいことです。

そこでおすすめしたいのが、ＹｏｕＴｕｂｅでファンを作って誘導する先の、〝自分のビジネス〟です。


原則として、自分に何らかのスキルや能力がある人は、それを「売る」ことができると考えてください。

あとは、より多くの人に喜ばれる「売り方」「見せ方」「伝え方」を熟慮すればよいだけです。

一方、「スキルがない」という場合は、その良さを活かす方向で〝自分のビジネス〟を構築していきましょう。

「今から、〝自分のビジネス〟のために○○を習得しなければ」「資格をとらなければ」などと自分を追い詰める必要はありません。

もし、「どうしても新しい何かを始めたい」というのであれば、その過程をドキュメンタリー形式で追うなど、コンテンツ化すれば面白いと感じてもらえるかもしれません。

発信者にスキルがあってもなくても、資格や免許があってもなくても、気にすることはありません。

どんな人でも、社会の役に立てる可能性がある場。

誰かを感動させることができるかもしれない場。

それが、ＹｏｕＴｕｂｅです。

この事実を忘れないでください。

▼①セミナー（勉強会）を主催する

自分がもっているスキルや知識を、ファンに伝えるというビジネスです。

貸会議室などの会場を借り、ファンに集ってもらい、ホワイトボードやスライドを駆使しながら講師を務めるというイメージです。

参加料（受講料）については、最初のうちは安くしておくのもよいでしょう。

1度で終わるのではなく何度も開催することが重要です。

人気が出たり、伝え方がうまくなったりしたら「価格を上げる」という道もあります。

僕の場合、最初は4人のファンと無料で勉強会を始めました。

以後、50人、100人と参加してくれる人が増え、会議室のレンタル料も高くなってきたため、会費として1000〜2000円をいただくようになりました。

ただし、ファンとの関係性についての姿勢については、先に決めておきましょう。

高度なスキルや、貴重な情報を「先生」的な立場で伝える「セミナー」なのか。

みんなでディスカッションしながら、一緒に学びながら、「仲間」的な立場でファンと一緒に学びを得ていく「勉強会」なのか。

方向性によって、ファッションや話し方、言葉の選び方などが全く異なってきます。

▼②ワークショップを主催する

手作りで何かを作ることができる、楽器を演奏することができる、運動やダンスの手ほどきができる、その他特殊技術を伝えることができる……。

そんな人にうってつけなのが、ワークショップというスタイルです。

ワークショップの強みは、1回完結で行えるだけでなく、シリーズ化して何度も開催できるという点にあります。

「木工細工を完成させるために全3回開催」

「肩こりを撃退するストレッチ体操をマスターするために、1時間の講座を全4回開催」

どこで、どのようなスタイルで、どんな時間帯で行えば、ファンに喜んでもらえるか。通いやすいと感じてもらえるかなど、主催者として考えるべきことは多くあります。

このような作業は慣れれば慣れるほど、うまく早く楽しみながらできるようになります。〝自分のビジネス〟を回していく醍醐味を味わってください。

また、動画の内容と実際のワークショップで伝える事柄の内容をうまく調整して重複しないようにしたり、「実際にワークショップに参加したほうがトクだ」と感じてもらうような編集にしたり、さまざまな工夫を凝らしてみてください。

▼③パーソナルレッスンを主催する

ワークショップの進化形として、「パーソナルレッスン」（個別指導）のサービスを提供するという手もあります。その場合、単価を数倍高額に設定することも可能です。

特に、個人指導によって、めざましい効果を出せるような性質の事柄はおすすめです。

たとえば、体操、姿勢矯正、ウォーキング、ダンス、ボイストレーニング、メイクレッスンなどの「体を使うこと」が、特にパーソナルレッスンに適しています。

▼④「ガイド」となって案内する

これはよく知られた事実ですが、日本には「旅行法」という法律があり、資格のない個人が「ツアー商品」を組んで販売することはできません。

つまり他人の運送サービスや宿泊サービスを斡旋すること＝旅行業と定義されているのです。

ただし、誰かを送迎したり、宿泊させたりという要素が絡まない範囲であれば「ある一定のエリアを案内する」というサービスは成立します。

たとえば、「自分が詳しいエリアを、ファンと一緒に散策する」などのサービスは人気が出ることでしょう。

逆の立場に立って考えてみてください。

もし、あなたが大好きな芸能人と2時間「浅草を散策する」「東京湾をクルーズする」「ディープな秋葉原を散策する」などの企画があったとしたら……。参加してみたいと思いませんか？

ただし、女性が主催する場合は「信頼できるスタッフ（できれば男性）に同行を依頼する」「解散後、ファンに後をつけられて自宅を知られないようにする」など、万全な自衛策を立ててください。

▼⑤買い物同行サービス（ファッションアドバイスサービス）を提供する

ファッションが好きな方なら、「自分のコーディネートを公開する動画」や「店舗からのコーディネート中継」などを配信することができるでしょう。

そこから一歩踏み出して、「ファンのコーディネートを助言したり、代行したりするサービス」を〝自分のビジネス〟として展開させるのはどうでしょう。ファンからアドバイス料を受け取り、事前にその趣味や予算を聞いて、一緒に買い物をするのです。

近年、プロのスタイリストさんの中にも、一般個人を対象としてこのようなサービスを展開している人がいます。

ユーチューバーが〝自分のビジネス〟として展開する場合、人間性をよく知ってもらい、得意なジャンルで突き抜けることが求められます。

たとえば、最新のブランドアイテムに詳しいのか。ストリート系ファッションに強いのか。はたまた、スーツの見立てが上手なのか。原宿エリアの古着ショップが好きなのか……。

アドバイス料をいただくのですから、好きなジャンルで思いっきり勝負することが重要です。

▼⑥飲み会（お茶会）を主催する

ファンとリアルの場で楽しむ機会を設けましょう。カジュアルなオフ会のノリで告知をすると、多くのファンが集まってくれることも珍しくありません。

あなたは幹事となって店を手配し、飲食代の総額を参加人数で割り、そこに少し「参加料」を上乗せして料金を集めれば良いのです。

この場合、2つの方向性が考えられます。

1つ目は「会のテーマ」を決めるスタイル。

2つ目は「会のテーマ」を定めず、ゆるゆると雑談を楽しむスタイル。

「会のテーマ」を決める場合は、そのテーマに強い関心を抱く「潜在的なファン」が参加しやすくなるでしょう。

たとえば「JRの貨物列車について話し合う会」「アジアの面白い旅行先についてとことん語る会」などとテーマを具体的に設定すれば、内容につられて「あなたのことを知らなかった人」まで参加してくれるかもしれません。

一方、「会のテーマ」を定めない可能性にも大きなメリットがあります。

あなたが〝自分のビジネス〟として何をすればよいか、全く固まっていなくても、ファンを募集できるという点です。さらに言うと、その会で「どんな商品やサービスが自分に求められているのか」をリサーチすることだって可能です。

「ファンと会うのが初めて」という方に特におすすめの形態です。

価格については「無料」（実費は各自負担）としても良いでしょうし、1000円程度の低価格に設定しておいても良いでしょう。

▼⑦さらにコアなファンに向けて

ここまで、さまざまな〝自分のビジネス〟の形をご紹介しました。

さらに上を目指す場合、高額商品（サービス）を用意していくことも考えていきましょう。

たとえば「1つ（1回）10万円」というような、単価の高い商品です。

コアなファンほど、そのような商品を欲しいと願ってくれています。

高額商品＝サービスの一環として、検討していきましょう。

ただし、その販売方法については注意をしてください。

「純粋に学びたくてセミナー（勉強会、ワークショップなど）に参加したのに、高額商品を突然すすめられて困った」

このように感じるファンがいるかもしれないからです。

ＬＩＮＥ＠もしくはメール（２１２ページで詳しく解説）に登録してくれた「コアなファン」に一斉送信する、という手法が、今のところ最もスマートです。

稼ぎ方は情報を貪欲に集めると見つかる

〝自分のビジネス〟を展開させたい、そこにファンを呼び込みたい場合、ヒントを得るために、世の中の情報をリサーチすることは非常に有益です。

情報には有料と無料で得られるものがあります。

▼有料の情報を入手する

専門家が主催しているセミナーを実際に受講し、「どの程度の内容なのか、参加費はいくらなのか」「どのように会を運営しているのか」を探るととても参考になります。

もちろん多少のお金はかかりますが、それも勉強代です。

実は、僕も勉強のためと思って数多くのセミナーに参加してきました。

そこでわかったのは「セミナーを受講すると、たいてい高額商品を宣伝されたり、売りつけられたりする」という事実です（断ることが苦手という人は、参加しないほうがよいかもしれません）。

「何かを売りつけられるかもしれない」と感じたときの気分は、知っておいてもよいでしょう。なぜなら「自分はそんなビジネスの方法はやめておこう」と実感することができるからです。

▼無料の情報を入手する

無料の情報からも学べることは多くあります。

「無料の情報を受け取ろうとして登録をする（申し込む）と、その背後に有料サービスが用意されている」というのが、世の常だと考えて間違いないでしょう。

「無料でメルマガに登録できる」「プレゼントに応募する」「無料で動画を見られる」などのキャンペーンの背後には、多くの場合高額商品が控えています。

ただ、このような流れを批判的に見るだけではなく、良い部分のエッセンスを学んでほしいのです。

「見込み客」（潜在的な客）にファンになってもらい、消費してもらうためのテクニックは、昔から研究しつくされ、常に新しい手法が開発されてきました。また流行り廃りが激しい世界でもあります。

そのような手法に触れて、ビジネス感覚を磨いておくことは重要です。

たとえば、1つご紹介しておくと、「**LINEのIDをファンから集めてリスト化し、お知らせしたい情報を一斉配信する**」という手法は、今のところ最強のスタイルです。

「LINEのIDさえ交換できたら、どんな商品でも買ってもらえる自信がある」

そう豪語する起業家もいるほどです。

使うのは通常のLINEではなく、事業者向けLINEアカウントの「LINE@」です。

LINEには数多くのメリットがあります。

まず、Facebookとは異なり、実名で登録する必要がないため、気軽に登録してもらえる点（**心理的なハードルが低いため、誰とでも親密な関係になりやすい**）。

他のSNSよりも、確実に相手に届けることができる点（**既読かどうかまでわかる**）。

そして「リスト」という機能がある点です。

「リスト化」することで、たとえ何人でも、それぞれ個々にメッセージを一斉送信できる。

これは他のツールには見られないメリットです。

この「ＬＩＮＥのリスト」こそ、宝の山なのです。

たとえば「ＬＩＮＥのリスト」が１００人集まった時点で、〝自分のビジネス〟を仕掛けてみるというのもおすすめです。


ではいったい、どのようにして１００人のＬＩＮＥのＩＤを集めるのか。

ＹｏｕＴｕｂｅの動画から募ればよいのです。

あなたの動画の最後で「登録してください」と伝えれば良いのです。


もちろんメリットがないと、コアなファンでない限り、登録してはくれません。

「毎日のコーディネートをＬＩＮＥ＠でも配信しているので登録してくださいね」などと、特典を掲げながら募ることが重要です。

重要なのは「特典つきで、ＬＩＮＥ＠登録を呼びかける」という点です。

このような手法は、僕がゼロからオリジナルで編み出したものではありません。

多くの成功者の動画を見るうちに、気付いたテクニックです。

〝自分のビジネス〟を回していく際、このように、世の中に既にある手法を積極的に取り入れていくことはとても重要です。

無料で情報を提供するとうたう勧誘は少なくありません。

逆に言うと**「登録してください」という勧誘を見かけたら、「とりあえず乗っかって登録してみる」というミーハーな姿勢**でいることもおすすめします。

「こんな巧みな勧誘があるのか」「見事な手腕で、楽しませながら宣伝をしてくるなあ」などと、勉強することができるでしょう。

副業／複業から始める

YouTubeを入り口として、〝自分のビジネス〟を行う場合。

もし、あなたに本業があるならば、それを手放す必要はありません。本業を持続させながら、〝自分のビジネス〟と並行させていく生き方が最もおすすめです。

「納期の前は近くのビジネスホテルに泊まりこんでいる」

「出張ばかりでせわしない毎日が続いている」

「スタートアップ企業に勤めているため、連日タクシーで深夜帰宅」

「自分の会社がもう少しで上場しそうで、あと○か月は鬼のように忙しい」など、
このような状況でもない限り、両立できることでしょう。


また、「副業」についての考え方が、大きな転換点を迎えています。時代の流れとして「副業を認める」という企業も増えてきています。今こそ副業、つまり〝自分のビジネス〟を始めたり、加速させたりする時期だと言えます。

そもそも企業側が「副業を認める」という時点で、明文化されていない言外のニュアンスを感じ取るべきです。

日本の景気全体の先行きは不透明です。企業側も「数十年先、従業員にまとまった額の退職金を払えるだろうか」と不安を感じています。

もしかすると、退職金云々以前に「1年後に会社が存続しているか」、危惧して

いる会社もあるかもしれません。

倒産した場合、社員たちは突然路頭に迷うことになります。

「どんな状況になっても、自力で食いつないでいくために、副業をしておいてください ね」

深読みをすると、これが〝副業解禁〟の裏に潜むメッセージなのです。

副業をすることについて、「忠誠を誓った勤め先があるのに……」と、まるでひどいことをしているようなイメージで捉える人もいるようです。特に、年配者にはそのような固定観念が強い傾向があります。

それは、ひと昔前の〝昭和〟〝平成〟の副業観です。

時代が変わった今は、「副業＝所属先の会社が倒産しても、自力で生き抜いていくための生き方」だと認識してみませんか。

「副業がバレたらクビになるかもしれない」

そんな危機感をもつ人もいるかもしれません。

確かに、自分自身が出演するスタイルだと、いつどこから〝身バレ〟するかわかりません。

そのようなトラブルを避けたい場合は、ニックネームを使い、〝顔出し〟なども一切せず、動画を配信することをおすすめします。

「乗り物系」（114ページ）、「動物&赤ちゃん系」（119ページ）、「ゲーム系」（121ページ）などであれば、自分自身を全く映さず、作品を作ることができます。また他のコンテンツのジャンルでも撮り方やシナリオを工夫すれば、自分の顔や声を表に出さずに作品を成立させることが可能です。


本業を手放さないほうが良い理由についてもお話ししておきましょう。

「本業がある」ということは、毎月一定の収入があるということです。本業とユーチューバー（と、〝自分の仕事〟）を両立できるのであれば、本業をみすみす捨てる必要はない、というのが僕の考え方です。

「収入が少なすぎる！」と嘆く人でも、数万円という単位で毎月定収入があるはずです。それは、とてもありがたいことと認識したほうがよいでしょう。

もちろん「実家に暮らしている」「金銭的に頼れる親やパートナーがいる」というなら話は別かもしれません。

ただ、あなたがもしそうではないなら。

「会社員で得た人脈やスキルや体験を、全てＹｏｕＴｕｂｅでの活動に活かす！」という気持ちで、二足のわらじを履き続けることを強くおすすめします。

また、経営者や個人事業主の人も「ユーチューバーのために本業をやめる」とは考えないほうがよいでしょう。むしろ、「既に手掛けているビジネスを補強するためにＹｏｕＴｕｂｅを活用する」と捉えてみてください。

ちょっと無理してみるのも大事

自分のビジネスを展開させたいとき、〝ちょっと無理してみる〟というのも重要な姿勢です。

たとえば、商品（サービス）作りの工程の話になりますが、高価格な商品を作った場合、いきなり「飛ぶように売れる状態」にはなりにくいかもしれません。

そのようなときこそ、安易に値下げをして、安値競争の方向に流されないでほしいのです。

どのようなコンテンツも、色付けや味付けを調整したり、中身をさらに充実させたりすることで、売れる可能性は高まります。

商品の切り口を変えたり、見た目を変化させたり、既存の何かと組み合わせたり、知恵を絞れば、現状は必ず打破できるはずです。

たとえ「10万円という商品を売るのは荷が重いなあ」と感じても、チャレンジを

する価値はあります。

それを僕は「無理をする」と表現しています。

もちろん、あなたが扱おうとしている商品が「高額価格帯にはそぐわない性質のものである」と判断したときは、思い切った方向転換も必要かもしれません。

「少しずつお金を支払ってもらう」という方法に切り替えて、「少しずつ稼ぐ」というスタイルでとりあえず突き進んでみるのも手かもしれません。

あきらめて投げだしたら、全ては終わり。〝自分のビジネス〟を始めるときに、「ある程度の無理や苦労はつきものである」と考えておきましょう。

「私は良い商品を作っている」

「絶対に誰かの役に立てる自信がある」

このような自負があるなら、焦らず続けることが大事です。

たとえば、3か月、6か月、1年と、3か月単位の区切りを意識しながら、継続してみてください。

続けることも「無理をする」ということに含まれると言えるでしょう。

楽をして儲かり続けるようなビジネスは、この世にありません。

どのような規模であれ、ビジネスに参入すれば、「自分に負荷がかかる」ことが不可欠になってきます。

「これ以上、無理したくない」という気分のときには、身近な人に話し相手になってもらったり、ファンの温かさを思い出したりして、自分自身を励ましていきましょう。**何より有効なのは「稼ぎたい」というエネルギー**です。

どんなに頭の良い人でも、優れたスキルを持っている人でも、「稼ぎたい」というエネルギーがなければ、お金は全くついてきません。

「**稼ぐ＝人の役に立つこと**」なのですから、常日頃から、心の中で「稼ぎたい」という欲望を確認していきましょう。

「ワクワク」があれば、お金はあとからついてくる

ＹｏｕＴｕｂｅを入り口とした〝自分のビジネス〟を展開させていく場合。

性急に結果を出すことは危険です。

それでは、「本業」の仕事で、次のような理由で焦っているときと同じになってしまいます。

「指示されたことをやり終えなければ上司に叱られる」

「結果を出さなければ降格、減俸、左遷、リストラさせられてしまう」

つまり「やらねば」という義務感から必死に働いているときと、同じマインドになってしまうわけです。見る人がワクワクするようなコンテンツを、義務感から作り出せるわけがありません。

ＹｏｕＴｕｂｅに動画を配信するときは、「楽しんでやること」が何より大事です。

「自分が楽しいかどうか」を優先させれば、他のユーチューバーと再生回数を意味なく競うこともないでしょう。

なぜ「楽しんでやること」が大事なのかというと、そこにワクワクがあるかどうか、視聴者やファンに伝わってしまうからです。

人は、ワクワクを見つけると、無条件に寄ってきてくれるという性質があります。でも「ワクワクがないこと」を察知すると、サーッと逃げていってしまう性質も合わせ持っています。

だから、どんなに技術が稚拙でも「ワクワク」のある動画はバズるのです。楽しくイキイキしていることは、魅力的に映るのです。

たとえ〝自己満足の世界〟でもかまいません。あなた自身がワクワクしながら、コンテンツを作っていってください。

コアなファンも、そしてお金も、きっとあとからついてきてくれます。

＼おわりに／

皆さんの中には、現状のお金との付き合い方に対して、疑問や不満をもっている人も多いのではないでしょうか。


「勤め先の給料が低すぎるのではないか」

「会社の業績悪化のせいで、自分もいつかクビになるのではないか」

「銀行にお金を預けているだけでは、金利が低すぎて資産が全く増えない」

「自分たちの世代は、将来年金の受給額がうんと減ったり、ゼロになったりするのではないか」


このような不安のタネは、誰の心にもあるはずです。

でも、不安や心配をむき出しにしたり、抱え続けていたりするだけでは、現状は何も変わりません。

今の収入に「＋α」を得るためには、どうすればよいのか。

具体的に「自分にもできる方法」を考え、実際の行動に移していきましょう。

このように、「小さなことでも良いからリアルにアクションを起こすこと」を僕は「NOの要素を潰す」と呼ぶことにしています。

「NOの要素」を潰していくと、当然のことですが「YESの要素」しか残りません。

それを1つ1つ、逃げずにこなしていくと、自動的に目標を達成できることになります。

僕はこの考え方を、会社員時代に身につけました。

たとえば「うちの会社は残業が多すぎる」と思えるとき。

自分がどうすれば定時に退社することができるのか。原因と思われる事柄を書き出して、1つ1つクリアしていけば、残業から〝卒業〟できるはずなのです。

少なくとも、その可能性は飛躍的に高まり、勤務時間を多少なりとも短縮できることでしょう。

ですから、本書を読んで「ユーチューバーになってみようかな」と少しでも興味を持った人は、ぜひとも実行に移してください。

まずは1本、動画を撮ってアップしてみてください。

あなたが行動を起こすことで、世界の見え方も変わってきます。


僕は、この「世界の見え方が変わる」という体験を、数年前に経験しました。

暮らしの全て、プライベートの時間までもが「YouTubeのネタ」に見えるようになったのです。

それまで、なんとなく喫茶店に入って時間をつぶしたり、なんとなくテレビを眺めていたり、なんとなく友人たちとお酒を飲んだり、なんとなく旅行をしていた人間でしたが……。

喫茶店の隣のテーブルから聞こえてくる会話や、一瞬見たテレビ番組や、友人たちとの会話が企画のヒントになってくれたり。「旅に出よう」と思ったときは、動画のネタにするために徹底的に目的地をリサーチをしたり。

それまでの〝なんとなく主義〟から脱却し、四六時中クリエイティブな頭の使い方ができる、ワクワク体質へと変身できたのです。

その結果、〝中途半端なそこそこの人生〟に終止符を打つこともできました。

〝生活の全てがＹｏｕＴｕｂｅのネタになる〟というのは、とても面白い感覚です。少し面倒なこと、手間がかかることだって「ネタになるかも！」と思考を切り替えれば、楽しみながら乗り越えられます。

僕はこのような変化を大勢の人に味わってほしいと、いつも心から願っています。

心の中に、常に〝上司への怒り〟〝勤め先への不満〟〝経済的な不安〟〝将来の心配〟が浮かんでくるような人生と、常にワクワクを感じている人生。あなたはどちらを選びますか。

確かに、ひと昔前は「好きなことは仕事にできない」という風潮がありました。

階級制度に縛られ「親の職を継ぐことが当たり前」という時代もありました。

でも、時代が変わった今、働き方も仕事の選び方も大きく変わっています。

これからは、どのような職業につくにせよ「ファン」を作ることが、稼ぐための前提条件となってきます。

自営業の人や起業家の中には、そんな流れを早くからキャッチして、既にSNSなどで多くのファンを獲得し、成功しています。

言い換えると……。

大手芸能事務所に所属しているようないわゆる〝芸能人〟でなくても、ウェブのごく基礎的な知識さえあれば、たった一人でファンを作ったり、増やしたりできるよう、時代は進化しているのです。

個人がファンを集めることができる時代。

それは個人が自分の個性を磨いて、輝くことができる時代です。

僕は、地球上に生まれた命は、どんな命も尊いものだと考えています。

だから、どんな人も、自分の望むような形で輝きを放ち、素晴らしい人生を送ってほしいと思えてなりません。

最後に、出版するにあたって、僕の人生で大きな影響を与えてくれた人に感謝を述べさせてください。川上智彦さん、鈴木洋平さん、佐久間洋之さん、桜井正樹さん、佐藤健司さん、高浜憲一さん、新田啓介さん、星光昭さん、O'LIONZのみんな、D.I.CREW 29期のみんな（名前順）そして、育ててくれた両親や家族、あなたたちのおかげで今の僕があります。本当にありがとうございます。

また、こんな僕に出版の機会をくださった、総合法令出版株式会社の皆様、編集部副編集長の尾澤佑紀さん、関係者の皆様、感謝を申し上げます。

最後に、本書を手に取って読んでくださったあなたにお礼を言います。

一人一人が自立して、より一層輝いて生きていくために、ユーチューバーのためのスクールやサロンなど、僕もなんらかの形で皆さんのお手伝いをできれば、それ以上の幸せはないのではないかと考えています。

本書を手にとってくださったあなたの人生が、少しずつでも変わり始めることを心から願っています。

2019年6月吉日　畠中伸正

畠中伸正（はたけなか・のぶまさ）

株式会社 BUUNO 代表取締役 兼 ユーチューバー。
1980 年、東京生まれ。大学卒業後、東証一部 SIer 企業にてシステムエンジニアを経験。その後、人材会社にて求人広告営業、ベンチャー企業の転職コンサルタント、大手アフィリエイトサービスプロバイダーにて広告営業に従事する。
2017 年、自身の会社、株式会社 BUUNO を立ち上げ、Web マーケティング事業、YouTube 事業を手がけている。自身もユーチューバーとして「はたけちゃんねる」など複数を運営。全国、海外を飛び回りながら、有益な情報を発信している。起業して 1 年で年商 3 億円を超える。
株式会社 BUUNO
https://buuno.co.jp
はたけちゃんねる
https://www.youtube.com/channel/UCX8U3FMr7qfyqUj3AnuQhug
はたけ社長の投資ラボ
https://www.youtube.com/channel/UC_2_0lxp3zOx_HE2dVBl4_g
はたけ TV みんな社長ざんす
https://www.youtube.com/channel/UCwtzO-J_JbE7qgDdRqLPErA
はたけ投資ブログ
http://hataketv.com

いつも逃げ出すように転職を繰り返してきた僕が３億円稼ぐようになった方法

ビジネスYouTubeで儲けるしくみ

2019年6月21日　初版発行

著　者　畠中伸正
発行者　野村直克
発行所　総合法令出版株式会社
〒103-0001 東京都中央区日本橋小伝馬町15-18
ユニゾ小伝馬町ビル9階
電話　03-5623-5121
印刷・製本　中央精版印刷株式会社

ISBN 978-4-86280-687-1
総合法令出版ホームページ　http://www.horei.com/